科学品饮普洱茶

张春花　著

中国商业出版社

图书在版编目（ＣＩＰ）数据

科学品饮普洱茶 / 张春花著. -- 北京 ： 中国商业
出版社，2023.12
ISBN 978-7-5208-2734-8

Ⅰ．①科… Ⅱ．①张… Ⅲ．①普洱茶－茶文化 Ⅳ.
①TS971.21

中国国家版本馆 CIP 数据核字(2023)第 230518 号

责任编辑：朱丽丽

中国商业出版社出版发行

（www.zgsycb.com 100053 北京广安门内报国寺1号）
总编室：010-63180647 编辑室：010-63033100
发行部：010-83120835/8286
新华书店经销
三河市悦鑫印务有限公司印刷
*
710毫米×1000毫米 16开 11.75印张 210千字
2023年12月第1版 2023年12月第1次印刷
定价：68.00元
* * * *
（如有印装质量问题可更换）

前 言

　　中国是茶的故乡，也是发现茶叶功效、栽植茶树最早的国家。云南独有的大叶种茶树在得天独厚的地理和气候环境中孕育，加上特殊的加工工艺，让普洱茶成为云南地理标志性产品，成为中国茶叶的一个独特存在，也是中国绿色产业和文化产业的一部分，一直以历史悠久、品质独特、保健功效显著而蜚声中外。普洱茶正迅速地成为当今社会的又一经济支柱和文化亮点。在云南茶叶历史发展的长河中，普洱茶也在不断经历岁月的洗礼，更迭着风姿，展示着迷人的魅力，让越来越多的饮茶人接受并喜爱。

　　本书共分七章，对科学品饮普洱茶进行了系统论述。第一章是中国茶道的文化观照；第二章是普洱茶的起源与文化内涵；第三章是普洱茶的营养物质与功效；第四章是普洱茶的选购与贮藏；第五章是普洱茶的冲泡技艺；第六章是普洱茶的品饮要点；第七章是普洱茶的评鉴。

　　在本书的写作过程中，笔者参考了很多专家、学者的理论报告和文献资料，在此表示衷心的感谢。由于时间和精力有限，本书难免存在疏漏和缺陷，希望各位读者批评指正！

作　者

2023 年 11 月

目　录

科学品饮普洱茶

第一章　中国茶道的文化观照

第一节　顺应天和，应清静无为

我国茶道文化既是宏大的也是精微的，一片叶子也拥有着独具特色的深厚文化底蕴。从历史的角度来看，人们将中国茶道文化同道家相连的并不多，不过两者的关联度在时间上却很紧密。道家的核心是自然观，对于中国人来讲，这是精神价值之源。何谓"自然"？即是自然而然的状态。茶道只是"自然"大道的一部分。循天地之本然，是茶生而有之的本性。

在茶人看来，茶之性非常高洁，由此将其援引至人格思想，这是非常高明的，既称颂了君子人格，又提升了茶的精神内核。所以，茶人以为，饮茶应当是反身自省、审问笃行的过程，如此才能自知、知人，在待人接物上做到恰如其分。儒家茶文化代表的人生态度是以"反身而诚"为出发点，归于"利仁"，而其想要实现的是用茶起到移风易俗的功效。故而以"中和"之思想贯穿始终，呈现的便是"修身、齐家、治国、平天下"的道德境界。

茶的包容性使它长存千年而不衰，在无数次的水火中涅槃，又无数次地被唤醒重生，这绝不是一片普通的叶子，它承载了精神的源泉和力量，这片叶子不仅能解渴、解乏、解欲，还能除闷、开怀、立志，它是一种美的哲学。

一、草木仙骨，道法自然

茶与道家的结合应该是有某种契机或者在某一方面有着共识，即茶的药用。道家所主张的自然观是中国人精神思想形成的起源。道家对生命充满敬畏与热爱，渴望追求永恒之境界，这些思想在其所主张的自然观中得以体现。传说神农氏为医治世人百病，日尝百草，一天之内中了 72 种不同的毒，最后得茶而解。虽说此起源之说带有一定的神话色彩，不过就此否定其真实性也过于草率。神话与传说势必是立足于时下人们生活背景之上才成立的，由此发展成人类文化传承的基因。其实，我们很多现代的文化元素就是要到神话传说中去寻根溯源，这就是一切始发文化形态的奥妙所在。

茶之始祖神农在道家中也已经有相当高的地位，为太上老君之弟子。太上老君下凡收其作为自己的徒弟，教导神农就百余种草药的性能进行尝试，并掌握了五谷播种技能，分享给人民，用食五谷取代捕猎的生活方式。虽然现在无法就该传说的真实性进行判别，不过其中融合了丰富的道家精神。

在道家看来，自然包含万物，人也是自然之所成，其发展与生存也必将依托自然，尊重物之为物、人之为人的自然属性，这同道教主张人体自然潜能的开发有异曲同工之妙。

神话传说难免充满浪漫色彩，不过作为历史的记录也有相当大的参考价值，在相关文献典籍中关于茶与道家关系的论述不少。实际上，我国茶文化发端于两汉、魏晋南北朝时期，而这一时期我国文人的主流思想是老庄的思想，这一传说广为流行。

丹丘子被誉为汉代的"仙人"，在我国悠久的茶文化史中，他当数第一位与茶相关的道家代表。故事似不可全信，但仍有正确之处。在陆羽所著的《茶经·八之出》中也曾提及余姚瀑布泉，其中更是将其唤作"仙茗"。而这一说法在历史上也是有迹可循的，余姚瀑布山的确出产大量的好茶，所以，这同"仙茗"等记载是相契合的。这几则记录中的"茶"与"茗"，也就是今天的茶。

史书记载，蜀地可看作茶饮文化的萌芽地，恰巧它也是道教的真正发源地，其形成也是在两汉时期。当时，张陵创建了"五斗米教"，并将老子尊为一教之主。在此之后，道教所主张的理论以及具体的组织形式渐成体系，并得到完善与优化，道教之势弥漫全国，宫廷与市井皆醉心于此。其他宗教多鼓励享受身后的极乐，而厌弃现实的冷漠与残酷的生活。而道教反其道而行之，其对生命充满热情与敬畏，否定死亡，认为光阴匆匆，人生苦短，只有早日修成正果，羽化登仙，才能体味到天乐。这也正是古人崇奉仙道的原因所在。

陶弘景说茶虽苦，却能使身体轻盈，令人脱胎换骨。丹丘子的故事为茶增添了仙道的色彩。道家在茶道兴起之前便对万物有着较为深刻的理解，道教思想对中国茶道文化的阐述、发展以及传播起到了非常重要的作用。

陆羽对虞洪采茶的故事甚是推崇，并将其详细地记录在《茶经·茶之事》之中。他还引述了《宋录》中所记录的王子鸾的故事，道人设茶茗，谓之甘露。陆羽对于茶与道家的关系建立的过程是非常相信的。当子尚提出"何言茶茗"之疑问时，其就道出了当时对茶之称呼，只是并未给出一个统一的说法而已，不过其在道士之间的称呼却得到了统一，即"茶茗"，其揭示的是道家同茶最初的关系建立。这就是陆羽眼中关于茶的起源。

实践是观念的产物，追寻道家的茶文化，仍要回到早期道家的"自然观"，以便更深刻地认识茶道文化的基因。当今茶文化的学者有一种共识：在众多的文化形态中，茶道文化是自然性质最为突出的代表之一。因此，可以说茶文化诞生的源头便是道家所主张的自然观念。茶道无疑是"自然之道"的一部分。

"自然"这一概念源于老子所著的《道德经》。《道德经》中说："人法地，地法天，天法道，道法自然。"[①]这个"自然"，指的是自然而然。道是自己如此的，自然而然地呈现那个状态，不是人为而使然。在老子那里，"道"是自然的，"无为而无不为"的。"道"本身即"自然"之道。这一命题其本质是对老子所主张的"无"的相关哲学理念的阐释，立足于"自然"而展开的哲学讨论。

而庄子哲学之本质，亦为"自然之道"，不过庄子的哲学比老子的哲学体现了更多的超越思想，具有一种超凡脱俗的境界。其精神为：一天人，合物我，外形体、破生死、去时空、求真知，作至圣。这都是在"自然而然"这一前提下展开的。而庄子所谓的道术，亦是自然而然的意思。庄子说"顺物自然而无容私焉"，即以"游心于淡，合气于漠"[②]为先决条件。其所推崇的自然观使得内心归于平静而祥和的恬静、淡然，这便是茶文化最原始的思想。

道家思想得到最快速的发展应是两汉魏晋南北朝时期，其不仅仅是观念性的哲学，还蒙上了浓烈的功利色彩。人们在日夜思考着如何才能得道，长生不老，羽化升仙。

人们认为"道"是可得的，但如何得之便成为人们迫切关注的核心问题。道士们的答案大致可分为两个部分：第一，锻炼身心的摄生术；第二，

---

① 王弼注. 诸子集成　第三册　老子注[M]. 北京：中华书局，1954：14.
② 王先谦. 诸子集成　第三册　庄子集解·应帝王[M]. 北京：中华书局，1954：49.

是一种食物带来的特殊效果，该食物中含有一种名为"生力"的成分，并以此衍生出了炼丹术。究其本质，后者的发展之源依然是老子的自然之"道"，只是在其中增加了一股神秘的力量，该力量赋予了万物欣欣向荣的生机。若论整体之道，其由阴阳两大元素构成，两种元素的相互激荡，融合成一个可随意分化的大的整体，并以自我为中心不断扩散，而这万物所需的生机便在此过程中一同扩散开来。而物质中所含"生力"的元素越来越多时，人的体魄就会越来越强健，甚至可令人长生不老。不过此类物质中所含"道"之成分越多，便越发难得。

在《道藏》里相关物质的身影频频出现，食用后有羽化登仙之效。因这点同道教观念的契合，茶与道教发生了原始的结合。玉川子说其要凭借茶中所蕴含之生力乘风奔向九重天便不难想象了，因为那是一个对求仙问道非常狂热的年代，可以成仙问道的茶成为琼浆玉液，能助人得道。茶文化的形成与兴起便成为理所当然。神仙是道家理想中的生命形态，充斥着快乐的仙境更是穷尽一生所求的理想天堂。道教引导人们所追逐的梦不是虚幻缥缈之来世，不是转瞬即逝的往昔，而是以修炼身心的方式留存下来，羽化成仙，留存万世，得以永恒。

皎然也曾作一诗，其将仙道之精神内核同茶文化作了巧妙的结合，其经典至今令人称颂："丹丘羽人轻玉食，采茶饮之生羽翼。名藏仙府世空知，骨化云宫人不识。云山童子调金铛，楚人茶经虚得名。霜天半夜芳草折，烂漫湘花啜又生。赏君此茶祛我疾，使人胸中荡忧栗。日上香炉情未毕，醉踏虎溪云，高歌送君出。"[①]皎然为一僧人，以诗僧著名，何以出此纯粹道家格调的"仙道"诗？在成仙风气盛行的时代，虽然很多的儒生，或是佛僧也难免受到道教之影响，并且皎然常以道教仙人丹丘子自比，对茶道精神有着深刻的领悟并全身心地投入茶道之中，皎然虽为佛家之人，不过其对道教文化的研究也颇有心得，因此其比普通的僧侣更多了一份随意与洒脱，其更像是一个文采非凡的道佛之士。而这首道茶相和的诗歌更是将饮茶能助人求仙问道的功效尽显，升华了茶道所蕴含的道家精神，此诗也成为流芳之作。

自然之茶道或茶道之自然。自然与茶道相伴相生，相辅相成。茶道源于自然之求，若其不顺应自然之发展，将其潜藏于内之天然精气自然而然

---

① 皎然. 皎然诗集[M]. 扬州：广陵书社，2016：48.

地挥发出来，其最终就难以归于自然。"天道自然"是道家的核心观点，因此茶人若想在茶道中归于自然，就必须依托自然之态。要掌握茶之本性，就必须以人之本心去感知，而这些都离不开茶人对道家思想的深思研究，并在归纳中成为茶人默认的原则，即天人合一。没有这一宗旨，就演化不出茶文化的发展历程。

茶是吸取了天地精气的自然之物。自然之物，视之必以自然之心，并秉承"天人合一"的思想。茶文化发展历史悠长，而对其影响最深的也是这一精神内涵。道家所追逐的精神世界缥缈虚幻，但其追逐之状态却讲究的是自然和无为。一种神仙心境的修炼，其寄情于茶，认为饮茶能洗尽人体内的浊气，早日登上逍遥自在的神仙世界，因此道家对茶极为热衷，且各大道观所用之茶均为自产之"道茶"。道家通过将自在而为的思想赋予茶饮而创造了内涵精深的茶道思想，其功劳不可谓不大。

二、品茗通仙，天乐逍遥

茶生长于灵壁残岩之中，接天地之精华，极具自然万物之灵性，是轻灵雅静之物，同道家清静无为、恬淡虚无的思想十分契合。唐朝裴汶在《茶述》中说："其性精清，其味淡洁，其用涤烦，其功致和。"[1]而《大观茶论》里对茶的评述则是"清和淡洁"[2]。陆羽《茶经》谓"茶之性俭"，所以对于茶之味进行评断时，用了"隽永"二字，足见茶性清纯、雅淡、质朴，茶的这种自然属性确有人性中清、虚、静、淡一面相同的地方。当然，相同未必相合，能够相合，其中必有一个偶然的因素，就像人们最初发现火一样。

这个偶然因素，就是人们发现它的药性作用，然而人们最初把茶作为药用时，并未预示着它会与精神状态的冥合。它必定是在某一特定的物境，有一特定的伴侣，在某一特定的时刻，偶然地利用了某一特定的材料与茶叶结合时，这一文化精神的曙光才会出现。

从文献的记载来看，这一特定的人群即道士，这一特定的时刻即两汉魏晋南北朝，这一特定的场合即道人发现茶的天然功能即是醒脑提神，它的特殊魅力即是成仙之道，当道人将其能作为轻身换骨、羽化成仙手段的

---

[1] 朱自振，沈冬梅，增勤. 中国古代茶书集成[M]. 上海：上海文化出版社，2010：75.
[2] 赵佶. 大观茶论[M]. 北京：中华书局，2013：49.

场合时，就决定了茶将成为道家精神文化的一部分。饮茶成仙，这样的对等关系不少存在于那令人向往的神话之中，不过观念与历史的必然却在其中显露无遗。就观念的必然性来说，只要茶本身的"性之所近"类似于人性中的某一面，人们就可能以比附的思维方式，把它纳入人类精神的世界中；而就历史的必然性来说，茶叶与泉水的组合迟早会被人发现。

中国人对大自然非常敬畏，不论是何种自然之物，一旦成为中国人生活的部分，其同人的和谐度势必会不断提升，而要做到高度的和谐，顺其自然便成为唯一的可取之法。这无疑是"天道自然"这一道家思想结晶的启示。一切人文皆从自然演化而来，道家认为人文世界和自然世界本来就是一致的。茶就是在天人合一这个逻辑前提下进入人文世界的。

然而，这里最重要的是，茶是在什么具体的思想方法指导下进入人文世界的。药用不代表精神文化，而仅是一种生理功能；但对成仙的向往，则不仅是生理的变化，更是一种对理想人格的向往、对生命的热爱、对永恒的追求。这种乐生精神的原始驱动力，导致了茶进入文化精神的领域，茶道文化由此诞生。

一方面是对生命的执着与热烈追求，另一方面是对人世的淡泊、清寂。就茶之本性而言，与之最为相适的是蕴藏在人性深处的淡然、静寂。道教的求仙正是乐生精神与淡泊心志的高度统一，而又正是在这种高度统一中，茶才进入了道家的生活，茶文化才真正得以诞生。

从道教的修炼方法来看，他们的静坐息心，无思无虑的半眠状态，需要茶的特殊功能来维持，茶可以使人少眠，涤除昏寐；而从精神状态来看，茶更使修道之人有轻身换骨的飘然之感，这对于今天的人们来说是难以理解的神话，但对于古人，特别是那些道人来说，又的的确确是一种真实的状态。

卢仝流传至今的《走笔谢孟谏议寄新茶》就对此有明确赞颂，认为饮茶功效甚多，少量饮用能助人减轻烦躁，身心舒畅，长期饮用，更能脱胎换骨，乘风登仙。卢仝的《饮茶歌》中写道："一碗喉吻润，二碗破孤闷。三碗搜枯肠，唯有文字五千卷。四碗发轻汗，平生不平事，尽向毛孔散。五碗肌骨清，六碗通仙灵。七碗吃不得也，唯觉两腋习习清风生。蓬莱山，在何处？玉川子，乘此清风欲归去。"[①]观《饮茶歌》的内容，其又何止是

---

① 彭定求．全唐诗第十五册[M]．北京：中华书局，1960：5867．

一首简单的饮茶歌，首先应当是一首道家茶歌，是道家以茶颂赞生命的礼歌；是道家向往永恒，热爱生命在茶的生活中的展开与体现。因此，世人认为虽然被赋予诗的形态，但本质却是蕴含丰富的茶道观。它首先是一首道家的茶道论，道家的"仙道"思想和审美观在此诗中自然流露。玉川子那种乐生重德进而养生求仙的神往，不仅是在借茶以求得生的欢快，更是要凭借茶中所蕴含的仙力助其飞升成仙，登上道家穷尽一生追寻的"仙界"。其妙就妙在不是凭空想，不是人为地"造药"，而是借助大自然赐予的自然之物——茶，以道家的顺其自然的精神来超越生的界限，到达理想的境界。

茶人的宗旨在于他们能本于人性的自然，达于物性的自然，使人性与茶性自然契合，不做作，不偏狭，从容不迫，顺应自然。正如玉川子在诗中所揭示的，茶道本身就是在追求天地万物的自然之妙。所以，第六碗之时便可"通仙灵"，饮至七碗更是能令其"两腋习习清风生"。玉川子借此清风飞奔而去不正是依着这浑厚的茶力飞升到仙界做云中仙人去了吗?这样美妙的诗，实在是描摹了"茶道自然"的至妙之道。

一代文豪范仲淹也曾对茶饮甚是赞誉，他认为在茫茫天地间，茶之效用令人惊叹，无论是那长安的好酒，抑或是成都的佳药，都比不上那仙山的一杯清茶，饮之能令其神清气爽，两袖生风，即刻便能乘着清风直奔那仙界而去。范希文欲与卢仝一样"泠然便欲乘风飞"，甚至要上"仙山"啜茗，"泠然"是要做一个轻妙得意的神仙。

正因如此，世人还常常将饮茶歌相比较。如严有翼在《艺苑雌黄》中认为，玉川子以饮茶歌显名于世，范希文则以斗茶歌流传千古，两人对茶的赞美均属史上罕见之经典。但蔡正孙在《诗林广记》中则不以为然，他认为玉川子所作之诗比之范希文更具自然之意境，而范希文的排比虽情感强烈但有刻意之嫌，这便与茶之本性所背离，于是落了下风。当然，这也是个人之见。不过，的确，玉川子是直抒胸臆，其诗显示了更强烈的生命力和道家的"乐生"精神，这正是其他茶诗所不可比拟的地方。后来，苏轼有名句："何须魏帝一丸药，且尽卢仝七碗茶。"[①]药为金丹，魏文帝时，全国上下大炼金丹，求仙风尚，方兴未艾。人们都在希求神奇的服药效果："服之四五日，身体生羽翼。"然而，苏轼宁愿不要那光闪闪的五色金丹，而要卢仝的七碗茶。因为卢仝的七碗茶有着比金丹更为神奇的效果。

---

① 王文诰. 苏轼诗集第二册[M]. 北京：中华书局，1982：125.

道家所提倡的"仙道"思想成为茶道取之不竭的灵感之源，而茶在国人的心中便成为"乐生"精神的代名词。其不仅上升为哲学的境界，更是一种生命意识的觉醒，如高山之雪，心之所向。然而，乐生精神是如何与虚静恬淡的精神统一起来的，还需要继续探讨。

三、洒心去欲，恬淡虚静

虚静的观念也是老子首先提出来的，不过这一观念在后来得到了很大的发展，特别是儒家将其系统化，而引申出一套更为深刻而完整的心性论。

老子的虚静观基本上是一种宇宙论。极者虚之至，笃者静之至，此皆万物之本然状态。世间万物，步入衰老使其必经之流程，这便是老子所谓的虚静中来，虚静中去。人亦何尝不是如此。然而人为万物之灵，其特殊之处及与万物不同的是，人随时可能出现欲望，随时可能妄动。不过，若是心中存有妄念，其便脱离了虚，若其心动则宁静亦被打破，所以人类的正常活动其实就是对自然的违背。世间万物其生长必然是顺势而为的，其"自性"不可违背，如此最后才能实现"复归其根"；人若想要回到最初的本真之态，不下足功夫，要做到"合于自然"，难如登天。

不论是老子所主张的"虚"还是"静"，其目的都是实现功夫的修养，也正因如此才诞生了"我好静而民自正"的说法。不过，老子仍把它们归于"自然之道"，其高明与深刻处在于，他认为人类的归根复命，不同于万物的归根复命；人的欲望可能使他偏离自然，人虽为自然的一部分，但并不保证他的行为都会准确无误地顺应或迎合大自然。因此无论怎么说，人要复归其生命的本真，就必须凭借自身的功夫。然而功夫的锻炼，是一个完整的历程。就像一个圆周，中间的所有环节连成一个圆周，此既始于本真，又归于本真，中间环节如随时脱离圆圈，则无法归于本真，所以必属于"自然之道"，才能成就此功夫。

庄子构建了一套体系完整、内容充实的修养理论。《庄子》的虚静观，首先包括的就是"恬淡寡欲"。他认为："夫恬淡寂寞，虚无无为，此天地之平，而道德之质也""洒心去欲""少私而寡欲"。在庄子看来，不求名利，不强行任事，不要智巧等，都是达到虚静的方法。"不将不迎，应而不藏"，既是功夫，也是态度。人的精神，如能做到彻底的虚静，就能使它清明如镜，达到如此境界，也就能胜物而不为物所伤了。水静下来都会尤其澄明，更何况人之精神，若能达到圣人所拥有的心静之态，就能映照万物，观得这天地万物的细微变化。因此，在庄子的思想中有"坐忘"等观念。若其修养能达到不随事物变化而心生波澜，不随物迁，便可与天地精神同在，在这天高地阔间驰骋与翱翔，飘逸洒脱。这些都显示了庄子人生修养的方法和目标的理论。

由此可以看出，老庄的虚静论并非反对真正的智慧，而是反对小智小巧，人为造作。他们追求的是生命本真的大智慧，反对的是执着一偏；执着一偏则不能无为无造，而有违自然，他们所要求的是清静无为，坐忘虚心，这样才能"智慧自备""自然已足"，从而通过达到清明如镜的地步而与物性契合。这是以人的"自然之性"追求人生的终极意义，其理论是极其深刻的。此时已有"乐生"精神与虚静恬淡的初步统一，只不过后来的道家、道教对生命的追求显得更为热烈、执着和充分，但理论源头仍在老庄。

品饮，连接茶性和人性。中国人一向有好"品"的传统风习。无论是画、诗、人抑或是茶，都喜欢以品来论之优劣，不过，式样繁多的品鉴活动都是立足于道家静观默察这一基础理论展开的。然而重要的是，它建基于一种艺术精神之上。

道家非常具有艺术的精神，当然这种艺术精神在儒家、禅宗同样存在，它们之间甚至互相影响，但道家的艺术精神显然更具原始性，而且它与虚静心态始终是合为一体的。"品"之鉴赏心态在我国历史上源远流长，并渗入了人们的生活，品茶适应了人类性格中清淡、静雅一面，使人在浮躁、内心溢满状态更理想进行茶品，不仅是感官上的眼品、耳品、鼻品、舌品等，还需要通过品而达到内心的安然与闲适，最终超越自我。故而，道家在懂得顺乎茶性的同时，也理所当然地发展出一种更高级的精神需要艺术品评。这涉及茶性与人性契合的关键的实质性问题。道家认为要实现真正的"品"，必须立足于两大条件，一是环境幽然，静寂，二是心境自然，虚怀若谷。外在环境吻合内在心境，并达到高度一致时，才能达到忘我的境地，而沉浸于美的精神享受和明鉴通物的"合一"状态。所以，道家在品鉴之时最注重的是其心是否"入静"，简言之，"静"所描绘的不仅是茶之质，更是人之性。道家把"静"看成人与生俱来的本质特征。静虚则明，明则通。"无欲故静"，人无欲，则心虚自明。道家讲究去杂欲而得内在之精微。佛家则以平等、无差别而随缘博济；而儒家之静则侧重于人的纯良之心。总之，它们都有共同的自然之道的思想基础。倘使虚静之态，作为人与自然万物沟通智慧的渠道，便能达到深邃而灵通应变无穷之境界。

茶人只有在虚静宁和之时才能实现对艺术的客观鉴赏，此时才能摒弃个人的私欲，以最诚挚的心态去品味那人间真味。所以，"入静"是修身必不可少的第一步，身而洁，心而静才能轻其身，灵其性，使之与天地万物合归一处，在品味茶之味时领略到其中蕴含的精神，做到形神相融。若人潜藏于心的虚静逐渐觉醒，其人格力量便随之显露。

由此看来，品茶实在又是一种人格的锻造。"品"的过程，也就是心性修炼与涵养的过程。若是虚怀若谷，不受俗杂污染，则更能达到"入静"之状态，品茶的过程中更能感受其各个真味，这是一种高妙的生命体验和境界。品是将自身的艺术修养提升的功夫，也是将所品之物的各种属性得以发扬的方法。

只因人在"品"时，必然会感知到青山大川中所蕴含的灵气，从而唤醒潜藏已久的静虚之根，如此其精神之力便会得以充沛，进而极大地充实了人之体验。因此，古人时常会通过品茶来品人，因其相信茶可品，人亦可品，均可在品之过程中见其优劣。班固有人品九级不等之分，而茶品之区分不等，更是千姿百态，若和泉水一道品之，则不胜枚举。徐渭在其《煎茶七类》中，认为茶品中的"人品"为首品，人品与茶品须相得。故煎茶之法须传给高流大隐、云霞泉石之辈，鱼虾麋鹿之俦。

人生都有动、静二态，人的生活经历就是处在不断的动静变换过程中的。因此，并非天生静质的人才宜于"品"茶。但"静"又是可以不断以自身锻炼的功夫而习得的，即便是有了相对的虚静，也可进入相对的"品"的状态。加之，人总有劳作紧张的时刻，然忙碌过后，于闲暇之际，便可尽享怡然自得的静态人生，获得品茗的真趣，体会简洁、高尚、雅静之韵致。"入静"不仅是功夫，其本质当属修养，因此，其境界势必有高低之分。道家的思想是极有启发的：虚心谦逊，淡泊安宁之心态更能实现人境界的提升，在感受大自然之妙时才能事半功倍。

中国的茶道，就是要通过虚静的功夫进路，消解生理作用，使主体精神当下得以呈现，在茶道中，完成主体与万有客体的融合。所以，中国茶道中所蕴藏的不单单是发人深省的喻世哲理，还是自然之美的呈现。陆羽在其所著的《茶经》中便将其归纳成系统完整，博大精深的艺术。由此可见，陆羽虽曾为佛门中人，不过也具有道家慧根，使他完成了把人文精神与自然境界用茶的形式相统一的传世之作。

　　陆羽一生事茶，其人清高淡泊，才华横溢，著作丰富，功彰千秋。作为一个有着极高的艺术修养并勤于写作的名士，他们常在一起围坐品茶，听山川风，看江湖月。正是受到浓郁之文化气息的感染，《茶经》才有创作传世的契机。特别是在他这个文人圈中，不仅有入世治国的儒生，有明心见性的僧人，更有崇尚自然的道士，逍遥自在的隐士。道家精神对他的影响是极为明显的，从而使他淡泊名利，不问仕途。当时皇帝对他其实甚是看重，曾两次令其入朝为官，但其均淡然辞去。其有诗云，不羡黄金鼎，不羡白玉杯。不羡朝入省，不羡暮入台。唯羡西江水，曾向竟陵城下来。茶界有称他为"诗仙"的，想必与此不无关联。的确，陆羽本人情性的虚静超怀，淡泊清明，正符合于茶性的精、清、淡、洁，这种高度的谐调统一，十分自然，若没有这种性情，也就不可能如此投入地爱茶，也就不可能写出《茶经》这样超凡脱俗的经典之作，更不会在茶道之领域享有如此高的盛誉。

　　如果把人的虚静、恬淡、乐生作为统一的人文精神，那么，当追寻茶的自然属性和自然形态，还没有注入人文精神的可能时，便可知，人们对茶之认识还停留在医药层面之时，其与道家精神相契合的契机还不曾露出端倪。而是当其步入人之日常生活，成为人生活中必不可少之饮品后，才体味到其本性，同潜藏于人性之中的净、清、虚、淡相契合，进而奠定了茶在人文精神方面象征意义的基础。简言之，即人们对其认识的不断加深创造出了全新的文化形态。天地浩渺，宇宙万象，人可谓万物之灵，茶集日月之华，天地之精长成于世，同人之性却相差无几，令人惊奇。正是这叹为观止的同一性吸引了热衷求仙问道的道家之目光，令其将茶事提升到艺术的高度，以此来体味茶之韵，并以茶之洁，表达了人类高雅淡洁的情操，茶品同人品相对，其中所蕴含的雅致、古朴所对应的便是人性中最本真的恬淡静然，因而两者能在茶人创造的品茗世界中和谐相处，这一方天地，无不体现了道家的"乐生"精神，体现了自然与人文的高度契合，更彰显出人类对真、善、美的追求。

　　如果没有"品"的茶道，则很难开启自然与心灵贯通的机趣，很难发展为茶人的一种自觉精神。所谓"品"，是乐生精神落于具体之行，也是将人之本性对外相呈的方式。没有这种实践和体现，茶道文化的发现与发展是很难想象的。本来其当归属于物质生活的茶，被陆鸿渐赋予其一个妙趣横生的意境。风助火，火煮水，水烹茶，如此便能将茶中所蕴藏之精华淬炼而出，茶之美得以彰显。这也是一种对茶之品而达到的"品味"。同外国人喝可乐不同，中国人饮茶讲究甚多，仅是形式同美学的结合便为这门学科提供了充足的功课。

第二节 平正中和，合君子之道

一、守仁居敬，民胞物与

（一）以茶利礼仁

儒家茶礼繁复，而最能代表其核心思想的有二：一是以茶利礼仁，二是以茶表敬意。其中，最能体现儒家文化精髓的还是"礼仁"，孔子认为，礼是仁的对外呈现形式。"仁"首先表现为"爱人"之"仁"。《论语》中"仁"出现的次数有109次，随性点发，意思各异。"仁"原本是人禀受于天的内在德行，而在外向表达的意义上，则首先表现为对他人的爱。"爱"是一种情感，"爱"需要付出。在人的一切活动中，使之能心甘情愿地付出的，恐怕唯有爱的力量才能做到。

仁爱首先是血亲之爱，血亲之爱是一种天性之爱、自然之爱，父慈子孝、兄友弟恭，这是"仁"的第一层内涵。其次表现为"忠恕"之"仁"。这是推己及人、由己及人的重要转化。"仁"的情感性内化是伦理向心理的转化，也是个体向群体，自己向他人的转化。"仁"对个体和他人以及社会都是规定了相应的义务和责任，但是经过"仁者，爱人"这样的转化后，这种外在强制、约束便弱化了，社会与个体、理性与情感、伦理与心灵实现了统一，社会、个人自觉而自愿地遵守着内心自定的法则，这是一种高度觉醒的自由，是在自愿付出后获得的精神上的愉悦。

所谓"忠"，可将之理解为"中心"，简单来说，就是对待他人要立足于自己本心之想法，而"恕"则可理解为"如心"，也就是要有同理心来看待他人的所作所为。在待人接物上，唯有恭敬待人，才能得到他人的尊重与拥戴，才不会被他人所无视。唯有对待他人宽厚、守信，才能收获别人所给予的信任，并主动地帮忙做些力所能及之事。恩惠他人也能得到他人之助。这就是以自己之心去对待他人，是推己及人的重要智慧。再者是在知识上，必须"知命"才能求仁；在行为上，必须"复礼"才能为仁。

礼起源于原始社会的禁忌习俗和道德规范。礼本指宗教上的一种祭神的仪式。中国古代有所谓"经礼三百、曲礼三千"，以规定士人君子的言行。礼是人生视听言动、衣饰举止、仪式节文的总规范。就礼的根本精神来看，礼的基本要旨是"分""别""序"，即规定、区别等级关系，为"贵贱""尊卑""贫富""雅俗"正名。由礼则雅，强调雅的人格风范与人生审美境界的构成离不开"礼"的作用。重礼能使人克制对物质欲望的无限追求，以节制物欲，获得对世俗欲念的超越，而构成超世绝俗，清净虚明，不急不躁、清闲淡雅、和顺雅志的审美境界。茶礼是以茶利礼仁的外在表现。

以茶礼仁主要表现在以下方面。

（1）祭祀。

自古以来，我国对于丧葬之事都是尤为重视的，因此对于其过程中所用的祭品也甚是讲究，很早以前便有"三茶六酒"以及"清茶四果"之说，且在民间的流传甚广。

早在周朝时期，茶就经常出现在祭礼中。先秦时期，就有许多书籍中对相关事宜有所描述，如"三祭三诧"以及"桂茶"等。南朝齐武帝肖赜曾下过遗诏，认为祭敬之典，本在因心，所摆放的供品中不要有动物，放置些点心、茶饮以及酒食即可。天下无论贵贱，都遵循这个制度。

在唐朝，文人常在正月去祭祀，顺便一赏复苏之景，然后在同年末，又相约到相同的地方，喝茶祭酒，成为风尚。自古以来，位于我国北方的少数民族在祭拜其信奉的神灵之时，茶都是必不可少的。如辽国，每逢春秋，抑或是行军打仗之前，其贵族都会前往木叶山举办盛大的活动，在帝后的引领下，围着神树走几圈，其后便奉上一应上佳的祭品，茶便是其中必不可少的。

清朝，皇族所举行的祭祀活动也必然会有茶的身影，在同治与光绪两位皇帝在位期间，曾有相应的诗句对祭祀中所用祭品进行了记载。其中，流传最广的还要数卓尔堪的诗："茶试武夷代酒倾，知君病渴死芜城。不将白骨埋禅智，为荐清泉傍大明。寒食过来春可恨，桃花落去路初晴。松声蟹眼消间事，今日能申地下情。"[①]

《红楼梦》的作者曹雪芹在祭祀的时候也是多次着墨，比如在第14回与第15回就秦可卿之死进行描述的时候讲到供茶。此外，还包含了不可缺

① 徐海荣. 中国茶事大典[M]. 北京：华夏出版社，2000：635.

少的五项供奉之举：上香、添油、挂幔、守灵以及供饭。供茶是丧礼中不可或缺的一部分，既是供前来吊唁的宾客饮用，也祭奠亡灵。药官死后，宝玉也以茶祭药官。

民间也多有以茶祭祀菩萨的习俗。比如在闽、台等地，有正月初九"拜天公"的习俗，在此活动中，祭品是必不可少的，而其中不可或缺的便有"茶"之一物。而在宁波与绍兴也有祭拜观音月光等娘娘的习俗，无论是哪一种祭祀活动，三杯茶水都是必备之物。

由此看来，茶在祭品中的地位非常重要，且在多个民族的祭祖活动中都是不可或缺的。如云南德昂族认为：茶是万物的始祖，喝茶才能不忘祖宗。在人的一生中，包括生老病死，每一阶段都会有茶相依相伴。茶与生命和死亡有着不可分割的联系。例如，湖北黄梅地区，生了孩子，女婿要到丈人家里报喜，岳母闻讯后，用红布包一包细茶，由女婿带回家，以示贺喜。新生命的降生，用茶叶祝贺；而一个人生病，也有家人在门口撒茶叶花米，用茶叫魂。当一个生命离去时，家属亲朋在门口放置一个装有茶水的茶罐，然后去庙里烧香，归途中，众人一边焚香一边呼唤死者的名字，让他回来喝茶。为的是让其在家中将茶喝够，以免误喝迷魂汤。尽管这是民间的习俗，但由此可以看出，人们将对生死的敬畏之情，系于一片片茶叶、一碗碗茶水中。因此，茶叶也常被当作陪葬品。

畲族，位于我国南方的一个游牧民族，其族人死后，会将一截茶枝置于这名死者手中，代表为其开路。一些地区清明扫墓祭祀时，茶叶是必不可少的祭祀品，这种风俗在江浙一带很常见。而在乌龙茶盛行的闽粤地区，茶具、茶叶也作为陪葬品，让死者在九泉之下继续品饮人间的琼浆。考古文物中出土了不少随葬的茶具，福建漳浦就出土过一件时大彬的紫砂壶。

（2）以茶敦亲。

陈文华先生在其著作《中国茶文化学》中认为：茶也成为尊老爱幼、和睦相亲、长幼有序等礼仪的载体。对于一个家族而言，茶叶有和其上下之功用，晚辈在向长辈表达自己的敬意之时，都会向其敬茶。在古代，这是长幼有序的体现。有记载，古时候家境较好的人家里，儿女后辈们日日都会早起专程去向父母问候，在这一过程中必然会端上自己刚泡好的茶水，以示孝心。此外，在江南等地，新娶进家门的媳妇也要在第三天早起，泡好茶水去向自己的公婆问好。因此，饮茶之中不仅蕴含了和睦相亲之意，同时长幼尊卑之序也在茶汤中尽显。

（3）以茶示爱。

茶性纯洁，象征着冰清玉洁的爱情，古人认为茶树的繁殖是靠播树籽生长，茶树长成后不可迁移，否则茶树便难以成活。所以人们将之用来喻示忠贞不二的爱情，一旦生根发芽，就不会转移他处。茶树能结出大量的茶籽，因此人们又赋予了其子孙绵延的寓意。所以，茶礼便日渐占据了人心，成为人生礼仪中必不可少的一物。

茶与婚俗结下不解之缘，其始自唐朝。这与唐朝时期茶文化的兴盛有着密不可分的关联。当时文成公主嫁去西藏之时，便一同将"潜湖含膏"带去了藏区，在其教导之下，当地的妇女便学会了碾茶、煮茶，茶饮之风也在西藏流传开来。文成公主将茶叶带往西藏，不仅是为了生活之用，茶叶也具有了礼仪价值，即作为女性出嫁的陪嫁物品。因此，西藏人将茶视为珍贵的礼品，茶成为藏族人求偶、纳聘的重要礼物。

宋代，以茶为聘礼，已成为一种风俗。"通常订婚，以茶为礼。"同时，还有"女家受聘日受茶"之说。在我国古代的民间，人们将男方送聘礼给女方这一行为称为"下茶""定茶"或是"茶礼"，而女方接受了聘礼的这一行为又叫作"吃茶"以及"受茶"。

明人黄佐在其晚年居家香山时所撰的《泰泉乡礼》中记述了时人的婚俗：在收送的聘礼之中，即便是最为简单的聘礼，都不会少了茶叶。民间如此，宫廷更有胜之。据载，明代对宫廷婚礼用茶有着严格而又细致的规定：洪武二十六年，定亲王大婚之礼，有"末茶一十袋"之礼，纳征之礼有"末茶三十二袋"；成化时，又规定皇太子纳妃纳采问名用"末茶一十二袋"，纳征"末茶四十袋"；若是皇帝迎娶皇后，那么就是"末茶二十袋"，纳吉、纳采、告期之礼为"末茶四十袋"。清代也依然沿用了以茶为聘的传统，男方给女方的聘礼中，在奇珍与银钱下面，必定会准备好相应的茶叶，然后将之分装在瓶中，送与前来的亲朋好友。也曾有一段时间，在迎娶正室妻子的时候，茶叶是代替银钱所存在的，无论是满族还是汉族，全部按照这一习俗进行嫁娶的。由此不难看出，在婚嫁的聘礼之中，茶的地位不容小觑。"非正室不用"，表明聘礼中有无茶叶，关乎女方的名位、身份。定亲之后，许多事情也就离不开茶了。

在古人的礼法之中，上文曾提到，新进门的媳妇一定要向在座的长辈敬茶，也有的地方称之为"拜茶""跪茶"。新娘在向公婆行跪拜之礼的时候，一定会跪着走到厅堂之中所摆放的桌案之前，磕头数次；然后膝行至方桌后，也叩首数次。公婆在喝完茶水后，便会将自己准备好的礼物送给新妇，这一礼物又称作"茶包"。女方家要在女儿出嫁后派人给新娘"送茶"。南方一带盛行喝"新娘茶"。新婚第二天的清晨，新娘在婆婆的领引下，挨家挨户地拜会亲友邻里，向亲友邻里敬茶。一般来说，由新郎的妹妹负责提壶，新娘斟茶。在一些地区，新娘茶被视为神圣之物，对斟茶者以及喝茶者都有许多限制。每个女性一生只有一次斟新娘茶的机会，即使是再婚，也无资格去斟新娘茶。而对于喝新娘茶的人而言，也有许多条件限制，符合条件者才有权喝新娘茶，凡老人、少年以及所有结过婚的人都不能享用新娘茶。

茶在婚俗中通常被视为喜庆、吉祥之物，在云南少数民族中，从说亲、纳八字、订婚、过礼、选日子到婚礼中的迎宾、待客、闹洞房、再到婚后的回门、拜会、拜年，件件都离不开茶。不过，在部分少数民族，茶所代表的意思却是与我们常见之意大相径庭，即退婚。如在贵州省侗族地区，如果女方将一包茶叶放到男方家里，就表示女方不同意这门婚事，要退亲。退茶需要女方亲自上门，同时，在行前要充分规划，周密安排，首先要选择好返回的路线，同时也要了解男方不在家、只有男方父母在家的时机，否则退茶返回时，如被男方或男方的亲属抓到，男方可以立刻请客，强迫女方举行婚礼。能成功退茶的女性，被视为聪慧、勇敢，会受到众人的称赞。还有云南的拉祜族，当地男子在上门提亲的时候，所准备的礼物之中，茶叶、茶罐都是必不可少的。其后，女方会就茶叶进行品鉴，以茶叶断人，茶叶之优劣即可代表男方的本领。若是女方对这桩婚事较为满意，就会选择一个好日子成婚。而白族对彩礼也有其独有的称呼，即"央吉可"，其有大、小之分。大礼是在结婚的时候送，小礼是在订婚的时候送，小礼由六种颜色的布与饰品组成，此外还有茶、烟、糖、酒等。

佤族，生活在云南的少数民族，其对订婚之礼的称呼是"朵帕"，该礼是在双方恋爱关系已经明确的情况下展开的，男方会前往女方家登门拜访，而拜访之礼中茶叶是必备之物。

在《红楼梦》里，王熙凤将泰国送来的茶分别赠送给黛玉、宝玉以及宝钗。一日，黛玉遇上凤姐，凤姐问起赠茶之事，并打趣黛玉："你既吃了我们家的茶，怎么还不给我们家做媳妇？"由此可见，茶与嫁娶之事的关联甚深。简言之，即送茶暗含有求亲之意，并且是我国古代极为看重的一种习俗。

（4）以茶睦邻。

推己及人，茶为媒介即可起睦邻友好之功效。北宋年间，百姓之间的淳朴之情也是通过茶来传递的，若是有从外地迁居来京城生活的人，其周边的邻居都会给他送茶喝，抑或是将其邀请到自己家里喝茶。这便是所谓的"支茶"，其要表达的意思是希望以后邻里间能互帮互助，和谐相处。南宋时期，如果有新来的毗邻而居的人，周边的邻居都会请他们喝茶，其中相望茶水往来，亦睦邻之道。在我国江苏，一直到现今，相关的饮茶风气都未有改变，一进入夏天，就会用上一年的木炭来煮茶水，不过其所用的茶叶却是向周边邻里求要的。

茶还可作为礼品馈赠，唐史中有记载：寿州刺史曾经送给他百万巨款，但陆贽不纳，只收茶一串。这些外在之礼体现了内在之仁。

（二）以茶表敬意

首先，敬表现为恭敬。"敬"是中国哲学的重要范畴，有着强烈的伦理属性。有敬天、敬民，还有敬德。是一种宗教与人文的汇通，跃动着强烈的忧患意识，这是一种精神的敛抑、集中，以及一种谨慎认真的心理状态。儒家讲"主敬涵养"，这是一种修养功夫、一种敬重、一种敬仰、一种敬畏，主张如履薄冰，如临深渊，是一种虔诚的心理状态。敬首先是"诚意"，然后是"正心"，正心的根本是志虑之正。往往是一个念头，善恶就自然分开了。另外就是"变化气质"，这是一个由内而外的修养过程，在行茶过程中，只有经过涵养功夫，才能达到行茶的从容、镇定和真正的成熟。敬，是要求内心有所敬畏，至诚至拙。

恭敬之心是包藏万物的，不仅敬畏天地，也敬畏天地之灵液，也就是茶本身。茶从采摘到揉捻到烘焙到最后成型，经历了无数的生死轮回，经历了水与火的历练，最终得到生命的复活，当呈现在人的面前又是另一种形态的美好。陆羽说茶是"南方之嘉木"。茶树不与高大的乔木争夺阳光，又将土壤上层易于吸收的养分让给其他植物，而自己却艰难地、默默地将根系向下伸展。茶树吸收了大自然的清风雨雾，为人类送去了精华，却始终是低调的生活，不招摇，不卖弄，单纯质朴，谦和礼让。茶中所蕴含的深邃思想是世人敬佩的。茶是清洁之物，又经历了涅槃而复活，历尽铅华而不衰，当其重生之时又是以一种鲜活的生命力示人，这是值得敬重的。

其次，敬还有谨慎，不怠慢之意。而在行茶仪轨中，茶礼也是要严格遵循的，冲泡的高度、持壶的稳定度、注水的角度，都有各自的规定，不可违背。同时，在行茶时不可随意，必须专注于自己的茶事。客人应邀前来拜访，主人必然是要亲手准备好一应茶具，然后为其冲泡茶水。在茶水品饮之前，必不可少的便是将茶具进行清洁，如此才能不损其味，不污其性。再者，在茶叶的取用过程中，不可直接用手，保持其洁净。在敬茶的时候，要确保自己所准备的茶品、茶具以及冲泡之水都是洁净无染的。在斟茶时，水量也是有所讲究的，以七分最佳，所谓茶敬七分满。在敬茶时，要先敬年长或身份贵重者，此外，为以示客人的重要程度，端茶杯必然是双手奉送，而客人在从主人手中接过茶水时，也应双手相接，此谓回礼。另外，对客人茶水饮用情况需随时留意，确保其杯中还有茶汤。在喝茶的时候，还要就一些茶食进行准备，有些客人如果空腹喝茶会出现晕茶的情况，就需要一些茶点来缓解。所有的茶具要在客人离开后才能收拾与清洗，否则便有赶客之嫌。以茶显示的主客之道，亦是儒家"守仁居敬"思想的体现。

最后，敬也有谦和之意。古人在分茶时，常不按人数全额分注，而是采用差额敬茶法。以茶待客是自古以来的传统习俗，即便是今日亦广为流传。比如在我国江南地区，若是春节期间有客人前来拜访，主人必定会准备好元宝茶来接待他，所谓元宝茶就是增添了青果以及金橘等辅料，这也是祝福客人的意思。另外，许多地方在刚步入夏天的时候，都会各自准备好最新的茶水来招待客人。据说此风俗始自南宋，这种礼节称为"送七家茶"。饮茶与饮酒习俗有不同，讲究茶七酒八，即斟茶只需七分，不宜过满，过满便有逐客之意，这是儒家中庸之道的表现。

以茶敬客还体现在寺庙的仪轨之中。相传，郑板桥来到一座寺院，寺院的住持不认识郑板桥，以为来者不过是一个普通的香客，因此只是礼节性地对郑板桥说："坐。"对一旁的和尚示意："茶。"二人刚一交谈，住持顿感此人气度不俗，于是忙说："请坐。"吩咐和尚说："敬茶。"片刻之后，当住持得知来人是郑板桥时，忙不迭地迎请郑板桥："请上坐。"立即通知和尚："敬香茶。"住持知道遇到郑板桥的机会难得，定要他留下墨宝，为古刹增辉。郑板桥立马就答应了，立刻提笔写了一副传诵至今的对联，其上联为"坐，请坐，请上坐"，下联是"茶，敬茶，敬香茶"。住持读后不觉羞愧满面。

当然，这则传说虽是借茶喻讽，但从另一个角度，也能看出寺院中客来敬茶的习俗是非常普遍的。寺院设立有严苛的规矩，通常情况下，寺院会根据到寺院拜佛之人的身份、地位以及布施与否对其饮茶的场所做出相应的安排，普通客人只能在客堂饮用，而身份尊贵的则是由住持相陪。身份不同，陪同的人就不一样，茶的等级也有所区别。寺院中待客人与敬佛与僧众自用的茶有很大区别。据宋时期的《蛮瓯志》记载：对待客人用惊雷荚，即是中等茶；自己喝用萤带草，即是下等茶；供佛以紫茸香，即是上等茶。所以，最上以供佛，而最下以自奉。黄龙禅师也说过，人生相逢便是缘分，互报来历便是相识，此后不论亲疏远近都会以茶相待，不论是修行，还是待客，甚至是礼佛，无处不见茶之身影，茶之于寺院之功可见一斑。许多寺院也建有茶室、茶亭，设有茶鼓。在《红楼梦》中也多有以茶待客的情节，如甄士隐同贾雨村的相识，如林黛玉刚进大观园去看望王夫人之时，"丫环忙捧上茶来"；如贾珍回府，令太监"让座，至逗峰轩献茶"等。

二、茶和中道，不偏不倚

儒家文化"中和"思想极为关键。茶之中和，中天地之和，中物我之和，中内心之和。"其功效和""致清导和"。故，长久以来，古今儒家的茶人将中庸之道与中和精神作为审美的标准以及哲思的境界。茶能静心，能让人在静默中反思自己的言行，使喜怒哀乐之为发，或者发而皆中节。达到"中和"圆融之境。茶之中蕴藏着儒家的理想世界。茶文化体现了儒家思想的入世情怀，但其中却是宽以待人，绝不强求的心态。而这种天地、物我、个人之间的相互尊重，恰恰是现代宇宙伦理、社会道德以及人道主义所应当遵循的原则。

刘贞亮如是说过"以茶可行道"，而此道就是中庸之道。其实，不论是利礼仁，还是表敬意，抑或是能雅志，都是为了通达于那个道。有人将建茶比作那中庸之德，将江茶比作伯夷叔齐，将草茶比作草泽高人，又将腊茶比作台阁胜士。

朱子认为，若是真如其所述，那么就降低了建茶的品位，却不如世间之说两全也。朱子深通儒学，是宋代理学之集大成者。他以"中庸之德"说茶，又以中和之理喻茶，表明他的儒家学说的渗透思考已经达于如此具体之物事。当然，这也同时说明了朱熹对茶道的深刻认识及对茶的独特见解。视建茶为"中庸之德"，这种妙喻在历史上也是少见的。因此，该比喻便成为茶文化史中最为瑰丽的一大宝藏。中庸是一种道德境界，不过人们已经很久没有这种道德了。

由此可见，无论是孔子，还是其后学，中庸都是其所推崇的核心思想。首先，"中"字在中国哲学范畴中具非常重要的地位。易经的卜卦，非常注意"位"和"时"；"位"就是指阴、阳两爻在卦里占据的地位，无论是哪一卦，其中的正位都是固定的。即二、五，两者分别位于下卦与上卦之中，因此，在卦爻之中，其地位最贵重的便是"中"。"时"，当卦爻出现变化的时候，正合时宜地出现，表现在于位，卦爻在中位的时候，被称作时中。足见以时中解释中庸，本是孔夫子的思想。

在后世的研究中，很多人都发现了《茶经》中暗含许多"中"的智慧，即便在陆羽所创制的茶的器具上也有所反映。如煮茶的风炉，形状犹如古鼎，有三分厚度、边缘阔九分，而风炉中六分虚中，这便是就《易经》中所提及的"中"的一个思想。观其设计便会发现，其中不仅融入了易学象数，且对相对应的尺寸要求也极为严格。此外，在风炉的支脚之上，还刻有"坎上巽下离于中"的字样，这也是阴阳五行于中的思想的另一个层面的融合，因为坎、巽、离全都是八卦之中的卦名，且分别有特有的指代。并分别代表了水、风以及火等物，表明了煮茶不可或缺的条件。此外，还将这三卦所指代的动物分别画在了风炉之上，有风兽、水禽还有火虫，这就是 "时中"的一种呈现。

此外，此种设计还是对煮茶过程的指导，暗含水、火、风在茶事中的相辅相成，缺一不可，以茶示五行协调之意，揭示了万物最终归于平衡的真理。风炉的另一足铸有"体均去五行百疾"，由此不难看出，茶事所有的功效都是建立在"中"之理念之上的，因其"中"所得到的平衡和谐，才可导致"体均去五行百疾"。体指炉体。"五行"即为金、木、水、火、土。风炉的材质是铜铁，因此可将其看作金之象征；以木生火，得火之象；炉置地上，则得土之象。

如此可知，万物之存在必有与之相克之物，进而实现阴阳协调，最终趋于平衡之态，如此自然便能祛除诸多疾病。第三足铭文"盛唐灭胡年铸"，是表纪年与事实的历史记录。但它的意义绝不可等闲视之。陆羽所处的时代，是"盛唐"时期，当时的人们安居乐业，在这样的大唐盛世之下，深受儒家思想影响的陆羽，是极具济世苍生的情怀，因此对于内心的向往必然不会一人独享，便将这种创世之作融入茶器之中，以此来向后人描绘盛唐的气象。由此观之，其所提倡的"守中"与儒家所主张的"时中"是同一种精神，也是儒家所主张的治国之道。

"中"与"和"是有着内在联系的。情感未曾变化就表示其心依然是宁静的，也就是心最自然的，不受影响的状态，此时的心不会受到任何个人情感的生发，其作出的选择才能是公正的。心在中正的状态，则天理显赫。庸可视为合情合理。无论是喜怒哀乐不显于外的"中"，还是表现得当的"和"，其所含的情、理都是一种适度的抉择，不会走向极端，行走在中正之道，才能达保持中庸精神，中言中行。所以说"中也者，天下之大本也；和也者，天下之大道也。""和"所属的范畴是较为广泛的，其所蕴含的除了道德界限，还描述了一种和同万物的生命美学境界。

中国茶道被认为最高的境界便是"和"，由此可以看出茶人们对儒家文化研究弥深，相反，儒家的思想对茶人的影响也是很大的。自古以来，不论是文士儒者，还是达官贵人，抑或一国之君，大多都将儒家的中和思想注入其茶道的思想。欧阳修主张"闲和严静趣远"的境界。则是立足于自身对茶道儒家思想的理解，与道家虚静超越的思想不是一回事。这种和是一种闲和，入世而不强求、不外显，是一种悠闲之中体现出来的和。儒家茶人非常乐于接受这一观念，并作为其茶道的核心是十分自然的事情，因为这是一种文化形态的基因延续。

正是这种延续，使"和"成为非常广泛的文化范畴。中和思想及其美学境界，渗透在儒家茶文化的方方面面，它彰显出儒家茶人对于"真""善""美"的精神追求。不仅陆羽、宋徽宗、刘贞亮、斐汶这一层面的茶专家，以中和原理阐述茶道，以中和精神从事茶事活动；而且像朱熹、欧阳修这样的大儒也直接以"中和"喻茶，还有如晁补之非儒、非道又即儒即道的文人亦如此。

晁补之是我国古代北宋时期著名的文学家，在朝廷担任过一定的职位。在其十岁左右时，便深受苏东坡的好评，因此又被称作"苏门四学士"之一，工诗文、善品茗。其名句"中和似此茗，受水不易节"使得他在茶文化史上流芳千古，此茶诗也称为绝响。茶叶在他眼中成了"玉茗"，可见其珍贵，只有这如玉之茗才能匹配"中和"之理想。上述两句诗是赞扬苏轼的修养非常高，与之相媲美的只有那异常珍贵的香茗，不论环境如何恶逆，苏轼都不毁其志，具有高尚的操守，这是难能可贵的。该诗将儒家主张的"中和"之道融入对仙液的赞许中，使之兼具道德的意蕴与艺术境界，儒家茶人，将茶事的过程视为一种艺术的观照，以获得道德境界的审美，即是"趣远"，这样的升华就从一种形下之学向形而上的层面转化。这些轻逸、灵动又不失深厚的韵味都在繁复的茶事之中尽数展现。所以，在煮茶过程中，器具的使用、香茗的点煮、行茶的仪轨、品饮的风姿，无不散发儒者庄重典雅的茶人精神，这即是"发而皆中节"。因而儒家的"中和之道"，比道家的"自然之道"更为讲究，因为它被视为一种下学而上达的修养过程，在此过程之中，人们的心性得到冶炼，并且更能体味天地万物所蕴含的至理，领会格物而致知，过于轻心必定一无所得。"中和"境界，来自人与自然的合一。

就茶道的本质而言，其便是将人文融入自然之物的一种艺术的精要。它要反映自然的四时有序，万物合一，这是儒家茶人对万物含生的信念与理想。因此，茶道内在地要求一种艺术氛围，而这种氛围首先要求茶人对茶器的选择，在茶器中贯通美的追求，以符求中的需求。所以，茶器不论其材质如何，其形态都是极近古朴、清雅的，不会给人轻薄之感。此即是中和之道的体现。至于煮茶的过程，也是极为重视"度"的掌握，只有适度得当才能确保茶之味恰如其分。水不百沸而老，也不未沸而取。

"一"是发而中节，动以得礼的抽象化。"一"在形态上表现为整体，在功能上表现为连贯。结构与功能的统一，也就是时空的统一。所以茶事从煮到品，都要纳入应有的程序之中，要有一定的规范、节度。形态上要表现出整体感，过程中表现出连贯性。宋徽宗甚至花了不少篇幅来展开动作的要领，如使用筅时，对手指、手腕到手臂的发力及力度大小都做了规范。由此，茶事过程的进行，变成了一种艺术的延伸活动，以获得天然真趣，亦即欧阳修说的"趣远"。所以整个过程的艺术化，就是茶事活动升华为精神领域的物象。不管茶仪是通过何种形式展开的，不过其中对外展示的内涵之一都是不曾变更的，即"中和"之道。

三、温润如玉、刚健雅正

就儒家文化而言，其万变皆不离其宗就是"雅"，刘贞亮对茶之特别作出了详述，谓之"十德"，并于其中将茶一一比附，由此可见，茶韵之品位必然是离不开"雅"的。茶的雅可以修身，可以明志，与儒家之修身治国之主张不谋而合，茶之雅是以雅志凸显平和的茶韵的，儒家对雅对志的解读更为深刻。

儒家所说的雅不是个人的雅，是一种推己及人的雅，就如茶在社会中的普及一样，推崇的是高尚、文明、规范、美好，这与茶给人的感悟是一致的。在茶汤的浸润下，茶叶在舒展之间展现的自然所蕴藏雅意，雅带有美好之意，不限于那转瞬即逝的外在，更是性情上的脱俗。与雅相对的一种风貌形容，被称为"俗"，不过雅俗是中国文化的两条主线，茶也是在雅俗之间求得中和的延展。

儒家的雅是中华民族雅文化的主流思想，而古今茶人，对于雅的追求也是孜孜不倦的，他们追求茶性自身清雅、高洁，并实现了茶与儒的雅之交融，如同宋徽宗"雅尚"为"茗饮"之风气、风尚。同时，对茶研究甚深的陆羽在茶饮之道中最为看重的便是"俭德"，茶人追求的更多为朴素之德，虽贵为天子，也毫不例外。因此奠定了以古朴素雅为核心的茶文化基础。如果能在茶中所感受到的是"精"与"清"的品质，这便是将茶中所蕴含的清洁高雅之气品了出来。茶道文化发展至今，人们对于茶道文化的理解则侧重到了"风雅"之上，雅即是正，中正平和即是儒者追求的道德境界。中国古代茶道通过对雅志的向往，修教养、文明、高尚、美好、正当之心性，不甘沦为下流之辈，追求高远、浑朴、闳大的高雅气象。

茶圣陆羽在其著作《茶经》中开创性地指出茶之养身修性的作用，其所追逐的雅致之境为一种隐喻，表示儒者的人生虽是积极入世，却不贪慕名利，便如同茶一般，生于人间，却如天上之仙，雅意天成，不染凡俗。

四、行茶于道，志气通达

"以茶可雅志"，儒雅强调的是性情的高雅和脱俗，"志"则是指一个人的精神气象，志是中国哲学的重要范畴，中国哲学是中国文化的精髓。"志"的含义很多，但是用法相对稳定，指精神取向比较恒定，具有价值目标。养志的过程就是养心的过程，茶人的志就是通过一盏清茶，立其高远清雅之志，推动个体去追寻自我之价值。宋徽宗曾说"熏陶德化"。因茶性与人性高度契合，"以茶之性养人之志"这一论断的诞生也就顺理成章了。

孔子最早提出"志于道"的观点，也就是说一个人立志的过程就是寻求道的过程，追寻道离不开志之所向，这观点被后世发扬光大。孟子则认为不动心是志于道的一个重要的表现形式，也就是说一个人要有志的重要品质就是既保持自己与外界的联系，又保持自己不为外界所动，君子和而不同，这种秉持独立的思想中，人都是要有志的，若是没有，那么就不配为人。王夫之认为无志之人为自庸之人，在中国古代，志向是人心的根本所在，这点与现今对茶君子的评价相符合。

志是一种生生不息的心灵能力，有先天之志，但也需后天的涵养。志士仁人都不曾放弃过养志之观点，孔子认为"隐居以求其志"，孟子"求放心"也是一种养志的修养功夫，是一种大丈夫的精神气象。宋明理学代表人物程颢、程颐认为，天理本来就存于人心，所以主张要养，而"志不可不笃，不笃则忘废"。宋代朱熹教人"凝定收敛"，明代阳明先生认为"精神流贯，志气通达"。这种养志观就是茶文化中的雅志观的外化和体现。

儒家文化中的志是寻道的精神追求，是人之所以为人的关键所在，是人能够保持自身日益进取的心灵动力而有别于其他生物的根本。养志，对于个体而言，是一种内在的修炼和追求。当人的志向得到滋养时，其心境如同明镜，清澈透明，能够洞察世间万物，理解其本质和真理。这种心灵的清明状态，使人能够超越纷繁复杂的表象，直接触及事物的核心。志在中国传统文化中，被赋予了深厚的意义。它不仅是一个人的愿望或目标，更是一个人的立命之本、立身之源。一个人的志向，决定了他的行为准则、价值观念和人生方向。因此，以人间之志行世间之道，意味着人应该根据自己的志向，去选择和践行符合自己内心真实想法的道路。人的志向并不是空洞无物的，它往往从日常生活的点滴细节中体现出来。就像茶文化中对细节的考究一样，选茶、泡茶、品茶，每一个环节都蕴含着茶人的情感和追求。这些细节之处，正是体现一个人志向的窗口。通过对这些细节的观察和体会，我们可以更加深入地了解一个人的内心世界和志向所在。

陆羽是唐代的茶学专家，被后人尊称为"茶圣"。他不仅精通茶艺，更是一位极具雅志的茶士。他注重修养心性，认为茶道不仅是一种生活方式，更是一种修身养性的途径。在陆羽的著作《茶经》中，他提出了"精行俭德"的志向。这四个字，既是对茶艺的要求，也是对茶人品德的期望。精行，指的是在茶艺实践中要精益求精，不断追求更高的境界；俭德，则是指在品茶过程中要节俭自律，不铺张浪费，体现了一种内敛和克制的品德。

陆羽的"精行俭德"志向，不仅体现在他的茶艺实践中，更贯穿了他的一生。他以茶为媒，通过品茶、论茶来修身养性、陶冶情操。他的茶道精神，不仅是对茶的热爱和追求，更是对人生的一种态度和感悟。在他的茶道世界里，茶不仅是一种饮品，更是一种文化、一种修行、一种生活的艺术。

第二章　普洱茶的起源与文化内涵

第一节　普洱茶的起源与发展

一、饮茶的起源

中国人利用茶的年代久远，但饮茶的历史则要相对晚一些。据传先秦时期，局部地区（茶树原产地及其边缘地区）的人们已开始饮茶，但目前还缺乏文献和考古的直接支持。

关于饮茶的起始，到目前为止还存在很多争议。根据《神农食经》的记载，陆羽认为饮茶始于神农时代，"茶之为饮，发乎神农氏"（《茶经·六之饮》）。神农即炎帝，与黄帝同为中国上古部落首领，是华夏始祖。然而据今人考证，《神农食经》成书在汉代以后。因此，饮茶始于上古社会只是传说，不是信史。

清代顾炎武曾道，"自秦人取蜀，而后始有茗饮之事"（《日知录·茶》），认为饮茶始于战国时代只是推测，并无直接的材料证据。

有关先秦的饮茶，不是源于传说，就是间接推测，目前并无直接的证明材料。

清代郝懿行在《证俗文》中指出："茗饮之法，始见于汉末，而已萌芽于前汉。"认为饮茶始见于东汉末，而萌芽于西汉。因为西汉时王褒的《僮约》中有"烹茶尽具"，东汉末华佗的《食论》有"苦茶久良，益意思"，所以郝懿行此言不虚。

晋代陈寿《三国志·吴志·韦曜传》记："曜素饮酒不过二升。初见礼异时，常为裁减，或密赐茶荈以当酒。"这种能代酒的茶荈当为茶饮料，三国时代吴国人已饮茶应是确凿无疑。然而东吴居长江下游，东吴之茶当传自长江上游的巴蜀，说明巴蜀的饮茶要早于东吴。因此，中国人饮茶一定早于三国时代。

应该说，中国人饮茶不晚于西汉。西汉著名辞赋家王褒的《僮约》是关于饮茶最早的可信记载。《僮约》中有"烹茶尽具""武阳买茶"，一般都认为"烹茶""买茶"之"茶"为茶。既然用来待客，自然不会是药而应是饮料。《僮约》成于西汉宣帝神爵三年（公元前 59 年），故中国人饮茶不会晚于公元前一世纪中叶的西汉晚期。

王褒是四川资阳人，买茶之地为四川彭山，最早在文献中对茶有过记述的司马相如、王褒、扬雄均是蜀人，可以确定是巴蜀人发明的饮茶。饮茶最初发生在四川，最根本的原因是四川地区巴蜀民族发达的文化、浓厚的神仙思想，以及与这种思想相呼应的发达的制药技术。

（一）茶的煮饮的流行

汉魏六朝茶叶加工粗放，往往直接连枝带叶晒干或烘干，是为原始的散茶。此时期的饮茶方式，古籍虽有零星记录，但是语焉不详。

茶的饮用脱胎于茶的食用和药用，故最先的饮茶方式源于茶的食用和药用方法。从食用而来，往往是用鲜叶或干叶烹煮成羹汤而饮，加盐调味；从药用而来，往往用鲜叶或干叶，佐以姜、桂、椒、橘皮、薄荷等熬煮成汤汁而饮。

饮茶有比较明确的文字记载是在西汉晚期的巴蜀地区，故推测煮茶法的发明当属巴蜀之人，时间不晚于两汉。

西汉王褒《僮约》称"烹茶尽具"，东晋郭璞注《尔雅》"槚，苦茶"说："树小如栀子，冬生，叶可煮作羹饮。"

《桐君录》记："巴东别有真香茗，煎饮令人不眠。"煎茶，当如煎药，茶叶加水煮熬。

唐杨华《膳夫经手录》记："茶，古不闻食之。近晋、宋以降，吴人采其叶煮，谓之茗粥。"茗粥即用茶叶煮成浓稠的羹汤。

汉魏六朝时期的饮茶方式，诚如皮日休所言，"浑以烹之"，煮成羹汤而饮。煮茶，或加冷水，或加热水，煮至沸腾，乃至百沸。

那时也没有专门的煮茶、饮茶器具，往往是在鼎、釜中煮茶，用食器、酒器饮茶。源于药用的煎熬和源于食用的烹煮是其主要形式。

（二）饮茶习俗的形成

中国人饮茶习俗的形成是在两晋南北朝时期。当时，上自帝王将相，下至平民百姓，中及文人士大夫、宗教徒，可谓社会各个阶层普遍饮茶，成一时风尚。

1. 宫廷饮茶

陆羽《茶经·七之事》引《晋四王起事》:"惠帝蒙尘还洛阳,黄门以瓦盂盛茶上至尊。"晋惠帝在蒙难初返洛阳时,侍从以"瓦盂盛茶"供惠帝饮用,可见惠帝日常生活中应当喜饮茶。

南朝宋人山谦之《吴兴记》中载:"乌程温山,出御荈。"在温山建御茶园,茶叶专供皇室。

《南齐书·武帝本纪》:"我灵上慎勿以牲为祭,唯设饼、茶饮、干饭、酒脯而已。"死后以茶为祭,说明南齐国皇帝生前喜欢饮茶无疑。

两晋南北朝,宫廷皇室普遍饮茶。

2. 文人士大夫饮茶

从两汉到三国,在巴蜀之外,茶是供上层社会享用的珍稀之物,饮茶限于王公朝士。晋以后,饮茶进入中下层社会。

两晋南北朝时期,张载、左思、杜育、陆纳、谢安、桓温、刘琨、王漾、王肃、刘镐等文人士大夫均喜饮茶。茶,作为风流雅尚而被士人广泛接受。

"止为茶荈剧,吹嘘对鼎鑑"(左思《娇女诗》),就连左思未成年的两个小女儿也喜欢饮茶,可见左思家中平常是饮茶的。

南朝宋人何法盛《晋中兴书》记:"陆纳为吴兴太守,时卫将军谢安常欲诣纳……安既至,所设唯茶果而已。"可见东晋士大夫以茶待客。

南朝宋人刘义庆《世说新语·纰漏》记:"任育长年少时,甚有令名……坐席竟,下饮,便问人云:'此为茶,为茗?'"江南一带,文人、士大夫宴会之时,客人入座完毕,便开始上茶。《世说新语·轻诋》也记,"褚太傅初渡江,尝入东,至金昌亭。吴中豪右,燕集亭中",因褚衷初来乍到,吴中豪右不识,故意捉弄他,"敕左右多与茗汁""使终不得食",可见士大夫宴会前敬茶已成规矩。

后魏杨衒之《洛阳伽蓝记》卷三城南报德寺:"肃初入国,不食羊肉及酪浆等物,常饭鲫鱼羹,渴饮茗汁……时给事中刘镐慕肃之风,专习茗饮。"北朝人原本渴饮酪浆,但受南朝人的影响,如刘镐等,也喜欢上饮茶,并向王肃专习茶艺。

两晋南北朝时期,文人士大夫饮茶风气很盛。

3. 宗教徒饮茶

汉魏六朝,既是中国道教的形成和发展时期,同时也是起源于印度的佛教在中国的传播和发展时期。茶以其清淡、虚静的本性和祛疗病的功能广受宗教徒的青睐。

道家清静淡泊、自然无为的思想，与茶清淡和虚静的自然属性极其吻合。中国的饮茶始于古巴蜀，而巴蜀也是道教的诞生地。道教徒很早就接触到茶，并在实践中视茶为成道的"仙药"。道教徒炼丹服药，以求脱胎换骨、羽化成仙，于是茶成为道教徒的首选之药。在茶从食用、药用向饮用的转变中，道教发挥重要作用的派系是寿春系。昙济擅长讲解《成唯识论》，对"三论"、《涅槃》也颇有研究，曾著《六家七宗论》。他在八公山东山寺住了很长时间，后移居京城的中兴寺和庄严寺。两位小王子造访昙济时，昙济设茶待客。

两晋南北朝时期，佛教徒以茶资修行，以茶待客。

4. 平民饮茶

《广陵耆老传》："晋元帝时，有老姥每旦独提一器茗，往市鬻之，市人竞买。"上了年纪的妇人每天早晨到街市卖茶，市民争相购买，反映了平民的饮茶风尚。

《南齐书·武帝本纪》："我灵上慎勿以牲为祭，唯设饼、茶饮、干饭、酒脯而已，天下贵贱，咸同此制。"南齐武帝诏告天下，灵前祭品设茶等四样，不论贵贱，一概如此，可见南朝时茶已进入寻常百姓家中。

其他如陆羽《茶经·七之事》所载宣城秦精（陶潜《搜神后记》）、剡县陈务妻（刘敬叔《异苑》）、余姚虞洪（王浮《神异记》）、沛国夏侯恺（干宝《搜神记》），都是平民饮茶的例子。

两晋南北朝时期，平民阶层的饮茶也越来越普遍。

5. 茶叶生产的发展

《华阳国志·蜀志》："什邡县，山出好茶"，"南安、武阳皆出名茶"。什邡、南安、武阳均为四川地名。什邡即今什邡市，南安县即今乐山市，包括今乐山、峨眉、洪雅、夹江、犍为、丹棱、青神诸县。武阳治今彭山县。傅巽《七海》中提到"南中茶子"，西晋前的南中地区包括了云贵川交界的大部分地区。《桐君录》记："西阳、武昌、庐江、晋陵皆出好茗。巴东别有真香茗。"陶潜《搜神后记》："晋孝武世，宣城人秦精，常入武昌山中采茗。"王浮《神异记》："余姚人虞洪入山采茗。"《荆州土地记》："武陵七县通出茶，最好。"东晋裴渊《广州记》："酉平县出皋卢，茗之别名，叶大而涩，南人以为饮。"晋元帝时宣城地方官温峤上表贡茶1000斤，茗300斤

（《本草衍义》引自顾炎武《日知录》卷七《茶》）。南朝宋人山谦之《吴兴记》载："长兴啄木岑，每岁吴兴、昆陵二郡太守采茶宴会于此，有境会亭。"乌程温山产贡茶，长兴县有境会亭，两郡太守在此宴集，督造茶叶。

以上均说明两晋南北朝时期，在四川、重庆之外，湖北、湖南、安徽、江苏、浙江、广东、云南、贵州等地也已有茶叶生产。

饮茶起源于巴蜀，经两汉、三国、两晋、南北朝，逐渐向中原广大地区传播，饮茶由上层社会向民间发展，饮茶、种茶的地区越来越广。晋代张载《登成都白菟楼》诗云："芳茶冠六清，溢味播九区。"诗中说四川的香茶传遍九州，虽有文人的夸张，却也近于事实。至两晋南北朝，中国人的饮茶习俗终于形成。

二、普洱茶名称的由来

普洱茶，这一名字的由来是充满历史沉淀和地域特色的。其名字的起源可以追溯到距今 2000 多年的东汉时期。三国时期，诸葛亮南征云南，将茶籽和种植技术带入了云南，从而开启了普洱茶的种植利用历史。

唐朝时期，历史文献中记载最早种植普洱茶的人是唐吏樊绰，在其所著《蛮书》卷七中云："茶出银生城界诸山，散收，无采造法。蒙舍蛮以椒姜桂和烹而饮之。"据考证银生城的茶应该是云南大叶茶种，也就是普洱茶种。历史记载说明，早在 1100 多年前，属南诏"银生城界诸山"的思普区境内，已盛产茶叶。

明朝时期，万历年间谢肇淛在其著《滇略》中，提到"普茶"（即普洱茶）这个词，该书曰："士庶所用，皆普茶也，蒸而成团。"这是"普茶"一词首次见诸文字。

普洱茶的最早记载出现在明朝李时珍的《本草纲目》中。在这本书中，李时珍描述了"普洱茶出云南普洱"，这一记载奠定了普洱茶以地名命名的基础。

到了清朝，普洱茶因其产地在当时的云南省普洱府，也就是今天的普洱市而得名。这一名字的确立，标志着普洱茶的历史文化地位得到了进一步的认可和确立。乾隆年间，普洱茶被进贡给朝廷，成了贡品。然而，由于当时普洱府的茶叶毛料在未完全晒干的情况下就被压制成了茶饼，所以泡出来的茶叶汤色红浓明亮，十分特别。因此，人们将这种变质的茶叶称为"普洱茶"。从此以后，"普洱茶"这个名字就逐渐流传开来。

在这个过程中，普洱茶的名字也发生了一些变化。清朝末年，由于政治动荡和社会混乱，普洱茶的生产和销售受到了很大的影响。此时，一些商家开始将普洱茶进行改良加工，使其口感更加醇厚、香气更加浓郁，普洱茶的名字也逐渐演变成了"普洱熟茶"。

随着时间的推移，"普洱茶"这个名字逐渐被大家接受和使用。虽然在此过程中也有一些误解和误传，但总的来说，"普洱茶"这个名字的由来是复杂而多样的，它反映了普洱茶深厚的历史文化内涵和丰富的地域特色。同时，"普洱"这一名字也成为云南地区乃至中国茶文化的一个重要符号。

三、普洱茶的发展历程

茶在中国的历史由来已久，中国"茶圣"陆羽所著的茶学专著《茶经》中云："茶之为饮，发乎神农氏，闻于鲁周公。"如果说"神农氏偶然发现茶"这一神话传说成立，那么在公元前 3000 年左右，茶就已经成为人类的朋友。

云南普洱茶是世界非物质文化遗产之一，蕴含着丰富的茶文化底蕴和独特的云南少数民族地域文化色彩，是我国民族文化遗产宝库中一个很有价值的组成部分。据傣文记载，普洱茶区的种茶历史可追溯到 1700 多年前的东汉时期，晚于巴蜀地区。普洱茶的大致产制发展史，如表 2-1 所示。

表 2-1 普洱茶产制发展史

三国至唐宋时期	生煮羹饮，晒干收藏
元、明时期	散茶逐渐向紧团饼茶过渡，以团饼茶为主
清朝	逐步出现多个花色品种，仍以团饼茶为主
民国至今	现代普洱茶的产生，出现红茶、绿茶、黑茶等茶叶

（一）三国时期

1700 多年前的农历七月二十三开启了古代普洱茶的历史篇章。据传，在公元 225 年，诸葛亮亲自南征，抵达了今云南省西双版纳自治州勐海县的南糯山。虽然我们无法考证当时是否真的有人种植普洱茶，但当地的兄弟民族之一——基诺族，坚信诸葛亮种植茶树的事实。他们确定每年的农历七月二十三为孔明的诞辰纪念日，对孔明深怀敬意，并举行放孔明灯的活动，称为"茶祖会"，这一传统流传至今。

三国时期，吴普在他的《本草·菜部》中记载："苦菜，一名茶，一名选，一名游冬，生益州（今云南省）谷山陵道旁。凌冬不死，三月三日采干。"其中的"荼"字，就是我们今天的"茶"字。这段记载明确地告诉我们，云南在三国时期就已经产茶。由此可以确认，云南在三国时期就开始种植和生产茶叶了。

在历史的长河中，普洱茶逐渐成为中国茶文化的重要组成部分。它的起源和发展与中国的历史、文化、经济等紧密相连。从诸葛亮到吴普的记载，再到基诺族的"茶祖会"，普洱茶的历史和文化底蕴深厚，也为我们今天品味普洱茶提供了宝贵的视角。

（二）唐朝时期

唐朝时期，普洱茶的发展经历了一个重要阶段。《蛮书》记载，茶树开始在"银生城界诸山"地区广泛种植，这些地方大致相当于现今云南省西南部的景东、镇沅、景谷、普洱、凤庆、双江、澜沧、勐海、墨江、沧源、勐腊、景洪等地区。这些地方的茶叶以散装形式出售，没有固定的采造方法，当地的蒙舍蛮人喜欢用豆子、生姜和桂皮等调料和茶叶一起烹制后饮用。

尽管我们无法从史料中得知当时"银生城界诸山"所产的具体茶品种类，但从云南的地理环境和发现的古茶树来看，这些地方生长的应该是云南原始的大叶茶种，也就是我们今天所说的普洱茶种。因此，清朝阮福在《普洱茶记》中说："普洱古属银生府，则西蕃之用普茶，已自唐时。"这句话表示，普洱茶在唐朝时期就已经被使用和交易了。

唐朝时期普洱茶的生产方式比较简单，主要以野生或半野生状态存在。随着茶叶种植技术的不断发展，普洱茶的品质和产量逐渐提高。唐朝的普洱茶主要通过西南丝绸之路输送到西蕃等地，成为当地人民喜爱的饮品之一。

此外，唐朝时期还出现了一些与普洱茶相关的诗歌和文献。比如唐代诗人李商隐的《饮茶诗》中就有"此茶来从何处去？得自纪鸿珍"的诗句，赞美了普洱茶珍贵的来历。还有《云南志》《蛮书》等文献中也对普洱茶的生产、运输、饮用等方面进行了描述和记载。

唐朝是普洱茶发展的重要阶段，这一时期普洱茶不仅在云南省西南部开始大量生产，而且原始的普洱茶种也开始被人们发现和使用。这些都为普洱茶的发展奠定了基础，并为我们今天品位普洱茶的历史和文化提供了宝贵的资料。

（三）宋朝时期

宋朝时期，普洱茶的发展达到了一个新的高度。除了在四川、云南、西藏等地进行"茶马交易"外，大理国还派使臣到广西用普洱茶与宋朝的静江军进行茶马交易。这些交易的普洱茶品质上乘，被称作"紧团茶"或"圆茶"。宋朝的名士王禹偁品尝了普洱茶后，写了一首赞美诗："香于九畹芳兰气，圆似三秋皓月轮。爱惜不尝唯恐尽，除将供养白头亲。"这首诗描述了普洱茶的芳香浓郁和圆润的形态，表达了他对普洱茶的喜爱。

宋朝时期，茶文化得到了极大的发展。不仅中华民族以饮茶为风尚，茶艺和茶道也逐渐兴起。茶叶成为人们生活中的重要饮品，上至王公贵族，下至平民百姓，都以饮茶为乐。同时，形成的"茶马市场"用茶叶交换西蕃的马匹，开了与西域商业往来的先河。普洱茶在这个过程中扮演了重要的角色。随着茶叶贸易的繁荣，普洱茶逐渐成为人们生活中的重要饮品。人们对普洱茶的需求量越来越大，为了满足市场需求，茶叶的种植和加工技术不断提高，茶叶的品质和口感也得到了极大的提升。宋朝时期的普洱茶还被用来与其他地区进行贸易。运至中原和江南一带的普洱茶成为上乘的饮品，受到当时人们的追捧和喜爱。这些普洱茶被视为珍贵的礼品，不仅满足了人们的味觉享受，还体现了文化和社交的价值。

宋朝时期还出现了许多关于普洱茶的文献和记录。一些茶叶专著开始出现，详细介绍了普洱茶的产地、采摘、制作、冲泡等技巧和方法。这些文献不仅成为中国饮茶爱好者追寻古法饮茶的文字依据，也为后人了解和认识普洱茶提供了宝贵的资料。

宋朝时期不仅茶叶贸易繁荣，而且人们对普洱茶的认识也得到了较大的提高。这些都为普洱茶的发展奠定了坚实的基础。同时，也在中国的茶文化和商业交流史上留下了深刻的印记。

（四）元朝时期

元朝时期，普洱茶已经成为市场交易的重要商品。李京在其所著的《云南志略·诸夷风俗》《金齿》《白夷》中描述了当时普洱茶的交易情况。《滇云历年志》载："六大茶山产茶……各贩於普洱……由来久矣。"这表明了普洱茶在元朝时期已经具有了较为广泛的知名度和影响力，也说明了普洱茶在当时已经成为民间贸易的重要商品之一。

元朝在整个中国茶文化的发展历程中可以说是比较平淡的一个朝代，但同时也是一个非常重要的时期。元朝有一地名叫"步日部"，由于后来转音写成汉字就成了"普耳"（当时"普耳"之"耳"即为现今"普洱"之"洱"）。"普洱"一词首见于此，从此得以"名正言顺"地写入历史。当时还没有固定名称的云南茶叶，也被叫作"普茶"，普洱茶逐渐成为西藏、新疆等地市场上买卖的必需商品之一。"普茶"一词也从此名震国内外，直至明朝末年，"普茶"才改叫"普洱茶"。

这一时期，普洱茶的采摘、制作、冲泡等技巧和方法也逐渐得到发展和完善。一些茶叶专著开始出现，详细介绍了普洱茶的相关知识和技巧。这些文献成为后人了解和认识普洱茶的宝贵资料，也为中国茶文化的发展作出了重要的贡献。

元朝时期，虽然普洱茶的发展较为平淡，但它为后来的普洱茶文化的发展奠定了坚实的基础。同时，也为中国的茶文化发展作出了重要的贡献。

（五）明朝时期

明朝时期，普洱茶成为民间茶叶交易的重要商品，并且逐渐形成了"普洱茶"这一名词。明朝人谢肇淛在其所著的《滇略》中记载："士庶所用，皆普茶也。蒸而成团。"这是"普茶"一名首次形成文字。明朝末年出版的《物理小识》中记载："普洱茶蒸之成团，西蕃市之。""普洱茶"一词正式载入史书。

明朝时期，茶马市场在云南兴起，穿梭于云南与西藏之间的马帮如织。因为车马人员很多，走出了许多专业的道路，我们习惯上称之为"茶马古道"。在茶道的沿途中，聚集而形成许多城市。元朝时期的"步日部"改名为"普洱府"，逐渐成为云南茶叶最主要的集散中心。以普洱府为中心，通过诸多由于茶叶运输所形成的专业古茶道，进行着庞大的茶马交易。普洱府成为云南茶叶的集散中心，聚集了大量的商人和茶叶，逐渐发展成为一个繁荣的城市。在普洱府周围，分布着许多茶庄和茶园，这些茶庄和茶园所产的茶叶成为当时市场上最受欢迎的商品之一。随着茶叶贸易的繁荣，普洱茶也逐渐传遍了全国，成为人们喜爱的饮品之一。

明朝也出现了许多关于普洱茶的文献和记录。一些茶叶专著开始出现，详细介绍了普洱茶的相关知识和技巧。这些文献为后人了解和认识普洱茶提供了宝贵资料，也为中国茶文化的发展作出了重要贡献。明朝时期，普洱茶逐渐成为市场上最受欢迎的饮品之一，并逐渐传遍全国。

（六）清朝时期

明代至清代中期，普洱茶的发展到了鼎盛时期，远销号称十万担以上，宫廷也将普洱茶引为贡茶，很受朝廷赞赏，极大地促进了普洱茶的发展。以六大茶山为主的西双版纳茶区，年产干茶八万担，达历史最高水平。此时的普洱茶脱胎换骨，变为枝头凤凰，是最光彩且鼎盛的时期。

史料记载，清顺治十八年（公元 1661 年），仅销往西藏地区的普洱茶就达三万担之多。同治年间，普洱茶的生产依然兴旺，仅曼撒茶山就年产 5000 余担。茶山马道上，马帮们终年往返于商旅塞途，生意十分兴隆。清雍正四年（公元 1726 年），雍正皇帝指派满族心腹大臣鄂尔泰出任云南总督，在云南少数民族地区推行"改土归流"的统治政策（设官府，置流官，驻军队以加强行政统治），3 年后（公元 1729 年）在普洱设置"普洱府治"，控制普洱茶的购销权利，同时推行"岁进上用茶芽制"，选最好的普洱茶进贡北京。在攸乐山（现在云南省西双版纳景洪市基诺族乡境内）设置"攸乐同知"，驻军五百，防守茶山，征收茶捐。在勐海、易武、倚邦等茶山，设置"钱粮茶务军功司"，专门管控粮食、茶叶交易。

乾隆元年（公元 1736 年）撤销"攸乐同知"，同时设置"思茅同知"，并在思茅设立"官茶局"，在六大茶山分别设立"官茶子局"，负责管理茶叶税收和茶叶收购。在普洱府道设茶厂，普洱成为茶叶精制、进贡、贸易的中心地和集散地。至此，"普洱茶"这一美名名扬天下。

道光到光绪初年，普洱茶的产销盛极一时，商贾云集普洱，市场繁荣。印度、缅甸、柬埔寨、安南等东南亚、南亚的商人也前来普洱做茶叶生意。到了光绪末年（公元 1908 年），由于茶叶的苛捐杂税过重，茶农受损，茶商无利，普洱茶市场急转直下，西双版纳产茶区由过去的八万担降至五万担，且逐年递减。随后又开"洋关"，增收"落地厘金"，茶农纷纷丢弃茶园另谋他业，茶商和马帮也改做其他生意。繁华一时的茶叶时代从此一蹶不振。

（七）民国时期

民国时期，云南省政府开始对茶叶实行"官办民营"，即由政府管理和监督茶叶的生产和销售，同时允许私人企业参与其中。这种政策在一定程度上刺激了茶叶的产销营运，促进了普洱茶的发展。

1930年前后，印度茶和锡兰茶在国际市场大量涌入，使得普洱茶的出口量锐减，给普洱茶产业带来了巨大的冲击，总产销量降至三万多担。

随后，第二次世界大战的爆发对云南当地造成了巨大的影响，普洱茶的生产几乎处于停滞状态。1948年，普洱茶的年产量仅为5000多担，产销运营跌落到历史最低水平。这一时期，普洱茶的发展受到了极大的限制，市场需求萎靡不振，茶叶生产陷入困境，是普洱茶产业历史上的一段困难时期。然而，即使在这样的背景下，普洱茶的独特品质和历史文化价值仍然受到了一些人的关注和重视。一些有识之士开始致力于普洱茶的复兴和保护，推动了对普洱茶传统制作工艺的传承和发扬。他们努力恢复和保护普洱茶的历史文化品牌，为后来普洱茶产业的复兴奠定了基础，也为后人了解和认识普洱茶提供了宝贵资料。

（八）现代

现代普洱茶史话是从1950年开始的。云南现代的普洱茶不仅在生态上有了很大改变，在制造工序上也有了很大的革新。1954年实行全国茶叶"统一收购，计划分配"，私人茶庄生产的茶叶全部纳入国家计划。云南普洱茶从此处于"中央掌握，地方保管，统筹分配，合理使用"的状态之下。

20世纪60年代初期，中共中央号召"以后，山坡上要多多开辟茶园"。为了响应号召，大量生产茶叶，改种旧茶园，开辟新茶园，云南省引进了扦插栽种技术，培植灌木茶山，提倡每亩地合理进行密植提高产量，节约人工，实现了很好的经济效益。云南省新茶园的开辟非常成功。如今，随着我国经济的快速发展、居民人均可支配收入的提高，我国普洱茶不仅国内市场前景广阔，出口市场的全球覆盖面也非常广泛，包括英国、美国、德国、法国等50多个国家和地区，其中马来西亚、日本、德国等国家和地区的出口金额最高。

纵观普洱茶起伏转折的发展历史，可以看出云南长期处于中央政府（封建时代）管辖之外是普洱茶区茶叶生产滞后的重要历史因素，但也正是这特殊的历史条件和独特的地理位置，才孕育出了云南"普洱茶"这一茶中翘楚。

第二节　普洱茶文化内涵

普洱茶是中国最古老的一种茶，其起源可以追溯到距今几千年的历史。它不仅是一种饮料，更是一种文化的象征。普洱茶文化包括物态文化、精神文化、民族文化和历史文化等多个方面，下面将对每个方面进行深入剖析。

一、物态文化

物态文化是指与普洱茶相关的物质形态及其所传递的文化信息。普洱茶的物态文化主要包括茶树、茶叶、茶汤和茶具等方面。

（一）茶树

普洱茶，这一古老而神秘的中国传统茶饮，其源头可以追溯到云南省的普洱地区。这片土地拥有着得天独厚的生态环境和丰富的茶树品种资源。在这里，野生型古茶树被视为普洱茶的真正源头，它们的树龄通常在千年以上，静静地见证着普洱茶的悠久历史。

这些古老的野生茶树生长在云雾缭绕的高山之上，得益于大自然的恩赐，这里的茶叶品质上乘，营养价值丰富，且口感美味独特。经过冲泡后，茶汤呈现出红浓明亮的色泽，散发出淡淡的陈香，令人沉醉。

除了珍贵的野生茶树，普洱地区还有人工种植的栽培型古茶树。这些茶树也有着几十年或几百年不等的历史，是普洱茶产业的重要组成部分。与野生茶树相比，栽培型古茶树的口感和营养价值略有差异，但它们同样为普洱茶的繁荣发展作出了巨大贡献。

无论是野生型古茶树还是栽培型古茶树，都是大自然赋予我们的珍贵资源。在普洱茶文化中，茶树不仅仅是一种饮品来源，更是一种心灵的沟通方式。在品茗过程中，人们能够感受到茶叶与心灵的和谐共鸣，领略到普洱茶文化的独特魅力。

（二）茶叶

普洱茶的制作工艺是一种独特的艺术，它需要经过多道精细的工序，每一步都充满了传统文化的智慧和茶农们的辛勤付出。

采摘是普洱茶制作的第一步。人们会在清晨或傍晚时分，当阳光刚刚好，露水还未蒸发时，选取最嫩的茶芽进行采摘。这个时段的茶叶，营养成分最为丰富，口感最佳。接着是晒青，这是普洱茶制作中非常重要的一步。将采摘下来的茶叶均匀地铺在竹席上，让其在阳光下自然晒干。这个过程中，茶叶的水分逐渐蒸发，同时茶叶的香气和口感也在这个阶段开始形成。然后是揉捻，这是普洱茶制作的第三步。通过手工或机器将晒干的茶叶揉成条状，这个过程可以帮助茶叶更好地发酵和陈化。最后是发酵，这是普洱茶制作中最关键的一步。将揉捻好的茶叶放在特定的环境中，利用微生物的作用，使茶叶中的物质发生化学变化，形成普洱茶独特的口感和陈香。

经过这些复杂的工序后，普洱茶就制作完成了。根据发酵程度的不同，普洱茶又分为生茶和熟茶两种类型。生茶的口感清爽，茶汤呈淡黄色或黄绿色，具有较高的营养价值；而熟茶的口感醇厚，茶汤呈红褐色或黑色，具有较好的药用价值。无论是生茶还是熟茶，都是大自然赋予我们的珍贵饮品，充满了历史韵味、文化气息和生活的智慧。

（三）茶汤

普洱茶的茶汤色泽红浓明亮，这是因为在发酵过程中，茶叶内的物质发生了复杂的变化，形成了独特的茶香和口感。这种色泽给人一种深沉的感觉，仿佛蕴含着千年的历史和传统。

品茗普洱茶时，人们常常会选择一个安静的环境，让自己完全沉浸在茶香和思绪之中。冲泡普洱茶的器具可以是紫砂壶、瓷器或者其他适合的器具。紫砂壶能够很好地保留普洱茶的香气和口感，而瓷器则能将茶汤的色泽展现得更加明亮。

冲泡普洱茶的过程也是一门艺术。首先是将茶叶放入器具中，然后以适宜的水温进行冲泡。第一次冲泡时，茶叶还未完全展开，茶汤呈现出淡红色或红黄色。随着冲泡次数的增加，茶叶逐渐展开，茶汤的色泽也会变得更加红浓明亮。

品茗普洱茶时，人们还会根据自己的口味加入适量的蜂蜜或牛奶进行调制。加入蜂蜜后，茶汤会变得更加甜润，加入牛奶后则会增加一种滑腻感。这些调制方法不仅使普洱茶更加符合个人口味，也进一步丰富了普洱茶的口感和营养价值。

普洱茶的茶汤色泽和独特的口感香气为其赢得了无数赞誉。品茗普洱茶不仅是一种享受，更是一种心灵的洗礼。无论是独自品茗还是与朋友分享，都能让人感受到它所带来的宁静与愉悦。

（四）茶具

普洱茶，这一历经千年的茶饮，有一套独特的品茗方式，其中茶具的选择和使用也是不可忽视的一部分。与普洱茶相配套的茶具有许多种，包括紫砂壶、瓷器、玻璃杯等，它们各具特色，为普洱茶的口感和香气增添了更多层次感。

紫砂壶是普洱茶的经典搭配之一，其具有独特的双气孔结构，能够很好地保温和透气，从而保持普洱茶的香气和口感。同时，紫砂壶还能够逐渐吸收普洱茶的陈香，使两者相互融合，形成更加圆润的口感。

瓷器是一种精致的品茗器具，其表面光滑细腻，能够很好地衬托出普洱茶的色泽和香气。同时，瓷器的保温性能也较好，能够让普洱茶的香气更加持久。在品茗过程中，瓷器还能够让人们更好地感受到普洱茶的细腻口感和层次感。

玻璃杯是一种透明的高脚杯，能够让人们清晰地看到普洱茶的汤色和茶叶的状态。在冲泡普洱茶时，玻璃杯能够让茶叶充分展开，呈现出优美的形态。同时，玻璃杯还能够让人们感受到普洱茶汤的滑润感和口感的变化。

不同的茶具对普洱茶的口感和香气产生不同的影响。在品茗时，人们通常会根据普洱茶的类型和个人口味来选择适合的茶具，以充分展现普洱茶的魅力。无论是使用紫砂壶、瓷器还是玻璃杯，都需要注意清洁卫生，以保证普洱茶的品质和口感。

二、精神文化

普洱茶的精神文化主要体现在其被赋予的文化意义和价值观念上。在中国传统文化中，普洱茶被视为一种具有灵性的饮品，具有多方面的象征意义。

（一）健康长寿的象征

普洱茶，这一古老而珍贵的中国茶饮，自古以来便因其丰富的营养价值和独特的药用功效而备受人们推崇。在历史长河中，普洱茶积淀了深厚的文化底蕴，成为中国传统文化中健康长寿的象征之一。

普洱茶产自云南省普洱地区，这里拥有得天独厚的自然环境和适宜的气候条件，为茶叶的生长提供了优越的生态环境。在漫长的岁月里，普洱茶经历了自然发酵、陈化等过程，使其富含营养成分和药用价值。长期饮用普洱茶对人体具有多种益处。首先，普洱茶富含茶多酚、儿茶素、咖啡碱等物质，这些成分具有明显的抗氧化、降血脂、降血糖等作用，有助于预防心血管疾病、糖尿病等疾病的发生。其次，普洱茶还含有多种微量元素和维生素，如钙、磷、铁、维生素 C 等，这些成分有助于补充人体所需的营养，增强免疫力。

在中国传统文化中，健康长寿一直是人们追求的重要目标之一。普洱茶因其独特的营养价值和药用功效而成为人们心目中健康长寿的象征。古人认为，长期饮用普洱茶可以促进人体新陈代谢，增强体质，延年益寿。因此，普洱茶在民间享有"长生茶""益寿茶"等美誉。

除了其营养价值和药用功效外，普洱茶还被赋予了深远的文化内涵。在中国的文学、艺术等领域，普洱茶成为许多文人墨客的灵感之源和咏叹之歌。古往今来，许多诗人、画家、书法家都以普洱茶为主题创作了许多不朽的艺术作品，这些作品流传至今，成为中华民族的文化瑰宝。

普洱茶因其丰富的营养价值和独特的药用功效以及深远的文化内涵而成为人们心目中健康长寿的象征。在当今社会，随着人们生活水平的提高和健康意识的增强，普洱茶更是以其独特的魅力赢得了越来越多的人的喜爱和推崇。

（二）高尚品位的象征

普洱茶自古以来便以其独特的品质和高贵的气质赢得了无数人的青睐。它不仅是一种珍贵的饮品，更是一种高尚品位的象征，一种能够与诗词、书画等文化艺术作品相媲美的精神食粮。

普洱茶的品质独特，香气浓郁而持久，口感醇厚而柔和。在品尝普洱茶时，人们能够感受到它所散发出的高贵典雅的气息，仿佛在品味着生活的美好与精致。这种独特的品质使得普洱茶在茶饮市场上备受瞩目，成为一种鉴赏价值极高的艺术品。

古代中国，普洱茶往往是达官贵人、文人墨客钟爱的饮品。这些人在追求物质享受的同时，也注重精神世界的充实与升华。他们将普洱茶视为一种能够体现高雅品位的象征，将其融入自己的日常生活中。无论是诗词歌赋还是书画创作，普洱茶都成为他们灵感的源泉之一。

普洱茶与诗词、书画等文化艺术作品的结合，不仅丰富了人们的精神世界，也使这一高尚品位的象征得以传承和发扬。在品茗普洱茶的过程中，人们能够感受到它所散发出的高雅气息，仿佛置身于一种充满诗意和画意的文化氛围之中。这种独特的体验让人们对普洱茶产生了深厚的情感，也使普洱茶成为中华文化的重要组成部分。

三、民族文化

普洱茶文化与云南地区的民族文化紧密相关。在普洱茶的起源和发展过程中，受到了多个民族的影响，如彝族、傣族、哈尼族等。这些民族用自己的文化传统和智慧，为普洱茶的发展作出了贡献，同时也将普洱茶文化融入自己的日常生活中。

（一）民族风情

云南，这片充满神秘色彩的土地，自古以来便是众多民族繁衍生息的地方。在这里，各个民族拥有着自己独特的文化传统和风俗习惯，为这片土地增添了丰富的色彩，世代生活在这里的少数民族同胞们，用自己的方式向世人展示着普洱茶文化的魅力。

普洱茶产区位于云南省的南部，这里是一个多民族聚居的地方，世居的少数民族有彝族、傣族、哈尼族、拉祜族等多个民族。这些民族在漫长的历史长河中，逐渐形成了自己独特的民族风情和茶文化传统。

在普洱茶产区，身着民族服饰的茶农和茶商是当地独特的风景线。他们的服装，或鲜艳或素雅，都体现出了云南地区的民族风情。在茶叶的采摘、加工和销售过程中，这些少数民族同胞用他们的双手和智慧，将普洱茶的品质和口感提升到了一个新的高度。

普洱茶产区的少数民族同胞们对茶叶有着深厚的感情。他们不仅将茶叶作为自己日常生活的一部分，还将其视为一种神圣的祭祀品。在当地的宗教信仰中，茶叶被认为是一种能够通神灵、祈福祉的神秘物品。因此，在各种宗教仪式中，茶叶都扮演着重要的角色。

云南普洱茶产区的民族风情是这片土地上不可或缺的一部分。在这里，各个少数民族拥有自己独特的文化传统和风俗习惯,而普洱茶则是这些文化中最具代表性的一部分。通过了解普洱茶与当地民族风情的紧密联系,人们可以更好地领略到这片土地上深厚的文化底蕴和普洱茶文化的独特魅力。

(二)民族节庆

普洱茶产区,这片富饶的土地上,各民族的节庆活动充满了浓厚的民俗风情和丰富的文化内涵。在这些节庆活动中,普洱茶扮演着重要的角色,成为不可或缺的重要元素。

在傣族的泼水节中,普洱茶是节日的核心饮品。傣族人民认为,普洱茶具有驱邪避凶的作用,能够为人们带来吉祥和安宁。因此,在泼水节期间,人们会精心挑选优质的普洱茶,熬制成香浓可口的茶汤,然后互相泼洒以表达祝福和祈愿。在傣族的文化传统中,泼水节期间饮用普洱茶不仅可以清洁身体,祛除病痛,还可以传递友情和爱意,增进人际关系的和谐。

而在彝族的火把节中,普洱茶则是一种神圣的祭祀品。彝族人民相信,火把可以驱逐邪恶势力,为人们带来光明和希望。在火把节期间,人们会在村落间点燃火把,围绕火把唱歌跳舞,还会将优质的普洱茶洒向火把,以表达对神灵的敬意和祈福。在这个过程中,普洱茶的香气弥漫在空气中,传递着彝族人民对和平、繁荣和丰收的渴望。

除了泼水节和火把节外,普洱茶产区的其他少数民族也有许多独特的传统节日和庆典活动。在这些活动中,普洱茶都是不可或缺的重要元素。人们会以普洱茶作为饮料来庆祝节日,用其招待远方的客人,分享这份来自大自然的馈赠。

普洱茶在民族节庆中的重要性不仅仅体现在其作为饮品的角色上,更重要的是它所承载的文化内涵。它代表着一种传统的礼仪、一种文化的传承和一个民族的精神象征,它向世人展示了云南地区深厚的历史底蕴和文化魅力。

在普洱茶产区的民族节庆中,普洱茶以其独特的地位和价值成为不可或缺的重要元素。无论是作为节日的饮料还是作为祭祀的供品,它都承载着浓厚的民俗风情和丰富的文化内涵。通过这些节庆活动,人们可以更好地感受到普洱茶文化的独特魅力和云南地区深厚的文化底蕴。

四、历史文化

普洱茶文化的发展历程与中国的历史文化紧密相关。在历史长河中，普洱茶经历了许多重要的历史事件和文化变迁，这些都在普洱茶文化中得以体现。

（一）历史事件

普洱茶，这一具有千年历史的珍品，自古以来便在中国的历史长河中留下了独特的印记。它的命运多舛，经历了无数的沧桑岁月，却依然在人们的味蕾中绽放出迷人的魅力。

明朝时期，普洱茶成为贡品，这一历史事件无疑在普洱茶文化中留下了浓墨重彩的一笔。当时的皇帝和贵族们对普洱茶推崇备至，将其视为珍贵的饮品，甚至是可以延年益寿的"仙药"。为了满足宫廷的需求，普洱茶的采摘和加工形成了一套严格的制度和方法，这也为普洱茶的品质保证奠定了基础。

清朝时期，普洱茶的地位更加显赫。随着中央集权的加强和统一的多民族国家的巩固，普洱茶成为重要的贸易商品，并逐渐走向世界。这一时期，普洱茶的出口贸易得到了极大的发展，成为中国对外贸易的重要支柱之一。普洱茶的声誉也逐渐传遍了全球，成为世界各地人们喜爱的饮品。

此外，近代以来，普洱茶还经历了一系列的波折和挑战。自鸦片战争后，普洱茶的生产和贸易遭受了巨大的冲击。然而，正是这些历史的磨难，使得普洱茶更加坚韧，生命力更加旺盛。进入 21 世纪，随着人们生活水平的提高和健康意识的增强，普洱茶更是以其独特的魅力吸引着越来越多的人的喜爱和推崇。

在中国的历史上，普洱茶经历了许多重要的历史事件，这些事件都在普洱茶文化中留下了深刻的印记。从明朝的贡品到清朝的贸易商品，再到近代的波折与挑战，普洱茶始终保持着其独特的地位和价值。通过了解这些历史事件，人们可以更好地感受到普洱茶文化厚重的底蕴和独特魅力。

（二）文化变迁

普洱茶，这一千年珍品，不仅仅是一种饮料，更是一种文化的载体。随着时代的变迁，普洱茶文化也在不断地发展和变化。不同历史时期，人们对普洱茶的认知都有所不同，这种文化变迁都在普洱茶文化中得以体现。

清朝时期，普洱茶的药用价值被广泛认可。当时，普洱茶深受贵族士大夫们喜爱，被认为具有清热解毒、消食止渴、健脑益智、延年益寿等功效，因此当时的人们对普洱茶的要求更加注重其药效和口感，对于茶叶的形状、色泽、香气等感官品质的要求相对较低。然而，随着时代的变迁和经济的发展，普洱茶文化逐渐发生了变化。在现代社会，人们更加注重普洱茶的健康保健功能，如降低血脂、减肥、预防心血管疾病等功效被广泛认可和推崇。同时，人们对于普洱茶的品质要求也大大提高，对于茶叶的产地、加工工艺、贮藏条件等都非常关注。

　　除了对普洱茶的认知发生变化外，普洱茶的消费群体也在发生变化。过去，普洱茶主要是在中国南方地区生产和消费，而现在普洱茶走向世界各地，成为一种全球性的饮品。在国外，普洱茶被视为一种健康饮品，其独特的香气和口感吸引着越来越多的消费者。

　　随着时代的变迁，普洱茶文化也在不断地发展和变化。这种变化不仅仅是人们对普洱茶认知的变化，还包括了消费群体的变化和全球化的趋势。通过了解这些文化变迁，我们可以更好地理解普洱茶文化的历史和发展，以及它在现代社会中的重要地位。

第三章　普洱茶的营养物质与功效

普洱茶是一种营养丰富、具有多种保健功效的饮品。适量饮用普洱茶可以为人体提供多种营养物质和保健功效，有益于身体健康。

第一节　普洱茶的营养物质

普洱茶，以其独特的发酵工艺和陈年潜力，成为中国乃至世界范围内广受人们喜爱的饮品。它不仅口感醇厚，而且具有丰富的营养，这些营养成分对人体的健康有着重要的影响。

一、碳水化合物

普洱茶，这一经过深度发酵和陈化的茶以其独特的发酵工艺赋予了它独特的口感和营养价值。它不仅口感醇厚，而且具有丰富的营养成分，其中碳水化合物是主要的营养成分之一。

在普洱茶中，碳水化合物呈现为多种形式，包括单糖、双糖和多糖。这些碳水化合物在普洱茶中以可溶性糖的形式存在，含量较高。这些糖能够被人体迅速吸收，为身体提供快速的能量来源。

单糖和双糖在普洱茶的发酵过程中与茶叶中的多酚类物质发生反应，形成了一系列具有抗氧化、抗炎等作用的物质。这些物质对人体健康有着积极的影响，有助于预防心血管疾病、糖尿病等疾病的发生。除了单糖和双糖外，普洱茶中还含有多种多糖物质，其中最重要的是茶多糖。茶多糖是一种具有复杂分子结构的糖类化合物，具有降低血糖、调节血脂、保护心血管等作用，这些多糖物质对人体健康也有很大的益处。

需要注意的是，不同品种、产地和加工工艺的普洱茶，其碳水化合物的存在形式和含量也会有所不同。因此，在我们选择普洱茶时，可以关注其营养成分和含量，以选择适合自己的茶叶进行冲泡饮用。适量饮用普洱茶可以为人体提供多种微量元素，促进并维持身体的正常功能，使我们的身体保持健康。

二、 脂肪

普洱茶中的脂肪含量相对较低，其含有的不饱和脂肪酸具有重要的健康价值。其中最重要的两种不饱和脂肪酸是亚油酸和亚麻酸。

亚油酸是一种人体必需的脂肪酸，它有助于降低血液中的胆固醇含量，可预防心血管疾病的发生。在普洱茶中，亚油酸主要存在于茶叶的细胞膜中，它可以帮助维持细胞的健康，促进细胞的正常功能。同时，亚油酸还有助于提高人体的免疫力，预防一些疾病的发生。

亚麻酸也是一种人体必需的脂肪酸，它对人体的健康也有很大的益处。亚麻酸可以促进大脑功能的发育，改善记忆力，有助于提高人体的智力水平。此外，亚麻酸对于保护视力和视网膜的健康有积极的作用。

除了亚油酸和亚麻酸外，普洱茶中还含有其他多种不饱和脂肪酸，如油酸、棕榈酸等。这些不饱和脂肪酸都具有重要的健康价值，可以帮助降低血脂、维护心血管健康等。

因此，适量饮用普洱茶可以为人体提供适量的不饱和脂肪酸，有助于预防心血管疾病、维护身体健康。同时，由于普洱茶中的脂肪含量相对较低，所以饮用普洱茶也不会导致摄入过多的脂肪，适合长期饮用。

三、 蛋白质及氨基酸

普洱茶中的蛋白质含量虽然不高，但其中的氨基酸种类却十分丰富，包括茶氨酸和谷氨酸等。

茶氨酸是一种特殊的氨基酸，具有多种生理功能。它可以缓解焦虑和抑郁情绪，提高注意力和思考能力，促进神经细胞的兴奋性和传导性。此外，茶氨酸还可以增强记忆力和学习能力，对于提高认知功能和智力水平具有积极的作用。

谷氨酸是另一种重要的氨基酸，它在人体内具有多种功能。谷氨酸是一种碱性氨基酸，有助于维持人体内的酸碱平衡。此外，谷氨酸还可以作为神经递质，参与神经系统的正常运作。在普洱茶中，谷氨酸与其他氨基酸一起参与了茶叶的香气和口感的形成，为普洱茶的独特口感和香气提供了重要的贡献。

除了茶氨酸和谷氨酸外，普洱茶中还含有多种其他氨基酸，如天冬氨酸、赖氨酸、精氨酸等。这些氨基酸都具有重要的生理功能，对于人体的生长发育、免疫系统和代谢过程都有重要的作用。

因此，适量饮用普洱茶可以为人体提供丰富的氨基酸，有助于促进身体生长发育和提高免疫力。同时，茶氨酸和谷氨酸等氨基酸还具有缓解焦虑、增强记忆的作用，对提高人体的认知功能和健康水平具有积极影响。

四、维生素

普洱茶是一种富含多种维生素的饮品，其中主要包括维生素 C、维生素 E、维生素 A 和维生素 K 等。

维生素 C 是普洱茶中含量较高的一种维生素，具有很强的抗氧化作用。它可以促进铁的吸收和利用，增强人体的造血功能。此外，维生素 C 还可以促进胶原蛋白的合成，有助于维护皮肤的弹性和光泽。

维生素 E 是一种脂溶性维生素，具有很强的抗氧化作用，能够保护人体细胞免受自由基的攻击。它可以预防心血管疾病的发生，维护心血管健康。

维生素 A 是一种脂溶性维生素，对于维持视力具有重要的作用。它可以促进视网膜发育，并维持其稳定功能，保护眼睛免受紫外线和自由基的损伤。

维生素 K 是一种脂溶性维生素，它有助于凝血和骨骼健康，可以促进血液凝固和血管壁的修复，预防出血和贫血。此外，维生素 K 还可以促进骨骼的发育和维持骨骼健康，预防骨质疏松和骨折。

除了以上几种维生素外，普洱茶中还含有其他多种维生素，如维生素 B_1、维生素 B_2、烟酸等。这些维生素都具有重要的生理功能，对于人体的正常生理功能和健康都有重要的作用。

因此，适量饮用普洱茶可以为人体提供丰富的维生素，预防多种疾病的发生和维护身体的健康。同时，由于普洱茶中的维生素种类繁多，所以它是一种营养非常丰富的饮品，适合长期饮用。

五、膳食纤维

普洱茶中的膳食纤维含量丰富，这些纤维不仅有助于维持人体的肠道健康，预防便秘和肠道疾病的发生，帮助降低血糖和血脂，预防糖尿病和心血管疾病的发生，还可以增加饱腹感，有助于控制饮食量，保持健康的体态。

六、矿物质

普洱茶是一种受到广大茶友喜爱的茶品，它不仅味道独特，还含有丰富的矿物质。以下是普洱茶中一些常见的矿物质及其作用。

钾是人体所需的重要矿物质之一，对于维持正常的心脏功能和血压水平至关重要。普洱茶中含有丰富的钾元素，适量饮用有助于补充人体所需的钾，从而有益于心血管健康。

钙是构成骨骼和牙齿的主要矿物质，对于维持骨骼健康和牙齿坚固起着重要作用。普洱茶中含有一定量的钙元素，适量饮用有助于补充人体所需的钙，预防骨质疏松等问题。

镁是人体内多种酶的辅酶，参与能量代谢和神经传导等过程。普洱茶中含有适量的镁元素，有助于维持人体正常的生理功能。

铁是构成人体血红蛋白的基本元素，对于维持人体正常的造血功能和氧气运输至关重要。普洱茶中含有一定量的铁元素，适量饮用有助于补充人体所需的铁，预防缺铁性贫血等问题。

锰是人体内多种酶的组成成分，参与骨骼形成、脂肪和碳水化合物代谢等过程。普洱茶中含有微量的锰元素，有助于维持人体正常的生理功能。

此外，普洱茶中还含有其他一些微量元素，如锌、铜、硒等，这些元素虽然含量较低，但在一定程度上对人体健康产生积极的影响。

七、水

普洱茶中含有大量的水，这是茶叶品质的重要组成部分。在普洱茶的加工过程中，水的作用不可忽视。

普洱茶的加工需要经过多个环节，如采摘、晾晒、杀青、揉捻、发酵等。在这些环节中，茶叶中的水分含量会发生变化，而这种变化会影响茶叶的品质和口感。在采摘和晾晒环节，茶叶中的水分含量较高，这有利于茶叶的软化和发酵过程的进行。在杀青和揉捻环节，水分含量会逐渐降低，这有利于茶叶形状的定型和口感的形成。在发酵环节，水分含量的高低会影响茶叶发酵的程度和品质。

在贮藏过程中，茶叶中的水分含量会逐渐降低，这有利于茶叶的陈化和品质的提升。适量的水分可以促进茶叶细胞的呼吸作用和代谢过程，使茶香更加醇厚、口感更加丰富。

普洱茶中的水分还可以促进人体的代谢。适量饮用普洱茶可以补充人体所需的水分，这有利于维持正常的代谢和体温调节。同时，普洱茶中的其他营养成分也可以在补充水分的同时，发挥其保健作用。例如，茶多酚具有抗氧化作用，可以预防心血管疾病和癌症等疾病的发生；咖啡碱可以促进脂肪分解和代谢，有助于减肥和控制体重。

普洱茶中的水分对于茶叶品质和人体健康都具有重要的作用。适量饮用普洱茶可以补充人体所需的水分，促进人体的代谢和健康。同时，普洱茶中的其他营养成分也可以在补充水分的同时，发挥其保健作用。

第二节　普洱茶的价值功效

一、普洱茶的抗肥胖功效

（一）肥胖症及其危害

1. 肥胖症产生的原因

引起肥胖症发生的原因虽说有许多种，但最基本的一条就是体内能量代谢平衡失调。许多因素都可能导致患者体内能量代谢发生障碍（失调），如营养过剩、体力活动减少、内分泌代谢失调、下丘脑损伤、遗传因素或情绪紊乱等都可能导致肥胖症的发生。身体的脂肪组织主要分为内脏脂肪和外周脂肪。内脏脂肪主要分布在腹部系膜、内脏周围等部位。根据脂肪积累部位的不同，可以把肥胖分为中心型肥胖和周围型肥胖两大类。中心型肥胖主要由内脏脂肪的过度积累导致，主要特征是腰围增加，其与代谢综合征密切相关，危害远远大于周围型肥胖。

2. 肥胖症的危害

肥胖是人们健康长寿的天敌，科学家研究发现肥胖者脑栓塞与心衰的发病率比正常体重者高 1 倍，患冠心病、高血压、糖尿病、胆石症者较正常人高 3~5 倍，由于这些疾病的侵袭，人们的寿命将明显缩短。身体肥胖的人往往怕热、多汗、皮肤褶皱处易发生皮炎、擦伤，并容易合并化脓性或真菌感染。而且体重的增加导致身体各器官负担加重，容易遭受各种外伤、骨折及扭伤等。此外，睡眠呼吸暂停综合征、恶性肿瘤的产生等都与肥胖有着直接的关系。肥胖危害主要表现在以下两个方面。

（1）内脏脂肪组织本身脂肪积累过多，导致脂肪细胞储存能力下降，不能储存更多的多余脂类、糖类等，血脂和其他器官的脂含量升高，危害健康。系膜和内脏附着的脂肪量增多，也会影响内脏器官的功能。

（2）由于脂肪组织作为一种分泌器官的存在，尤其是内脏脂肪组织，一旦本身脂肪积累过多，会分泌大量抑制脂肪和肌肉组织功能的细胞因子，这些细胞因子主要包括游离脂肪酸（FFA）、炎症因子（如 TNF-α 等）、抵抗素以及活性氧（ROS）等。细胞因子可以以自分泌和旁分泌的形式直接作用于脂肪细胞，使其产生胰岛素抗性，紊乱糖脂代谢；还可以进入血液作用于肌肉细胞产生胰岛素抗性，降低其能量储存和消耗的能力，或作用于胰脏等器官，损害其功能。

（二）普洱茶对肥胖症的作用

关于普洱茶的减肥作用，最早的研究是日本学者在 1985 年的试验，试验证明给高脂大鼠饲喂普洱茶，可以降低高脂大鼠血管内的胆固醇和甘油三酯含量，显著降低高脂大鼠腹部脂肪组织重量。随后，1997 年有报道称，高胆固醇造模后的大鼠在饲喂普洱茶后，食物和饮水消耗减少，体重下降，血液和肝脏中的胆固醇和甘油三酯含量下降，高密度脂蛋白胆固醇含量增加。2005 年，有试验结果表明，正常大鼠喂饲普洱茶 30 周后，体重、胆固醇和甘油三酯含量均显著降低，且降低幅度大于其他茶类，如绿茶、乌龙茶和红茶等，同时低密度脂蛋白胆固醇降低，而高密度脂蛋白则显著升高，抗氧化酶 SOD 活性较正常对照组要高。同时，国内研究人员也报道了喂食高脂饲料的小鼠在同时喂食晒青毛茶或普洱茶时，均能有效地抑制高脂饮食小鼠血脂的升高，并能使甘油三酯、总胆固醇、低密度脂蛋白胆固醇水平全面降至正常值范围，使高密度脂蛋白胆固醇水平显著升高，普洱茶的效果略优于晒青毛茶。

动脉粥样硬化指数（AI）是由国际医学界制定的一个衡量动脉硬化程度的指标。肥胖大鼠在普洱茶不同剂量和饮食控制的处理下，其 AI 值下降非常明显。这样的结果表明普洱茶在抗动脉粥样硬化方面有着显著效果，不仅能抑制由于摄入过量高脂饲料引起的肥胖大鼠 AI 值的上升，而且还能改善正常大鼠的血清指标，降低 AI 值，减少动脉粥样硬化风险，其作用效果是单纯饮食控制所不能达到的。

二、普洱茶抗疲劳与抗衰老功效

普洱茶是云南特有的茶类，是以地理标志保护范围内的云南大叶种晒青茶为原料，并在地理标志保护范围内采用特定加工工艺制成的，具有独特品质特征的茶叶。随着茶叶保健功能医学证明的深入和人们健康意识的提高，普洱茶也越来越受到世人的青睐，深受消费者喜爱。

随着社会的进步和医学模式的转变，健康的概念也发生着转变。20世纪中后期，自世界卫生组织提出健康新概念及苏联学者提出"第三状态"概念以来，这一介于健康与疾病之间的"第三状态"得到国内越来越多学者的认同与重视，并将其称为"亚健康状态"。该状态是处于健康和疾病之间的健康低质状态及其体验，指机体无明显的疾病，却表现出活力降低，各种适应能力不同程度地减退。具体可有多种表现，大致可归结为躯体、精神心理及社交三个方面。

临床上，疲劳是亚健康的一种常见表现。疲劳症状是一个非常普遍的症状或现象，不仅存在于健康人群、亚健康人群中，许多疾病人群也常常存在疲劳症状。

几千年来，研究学者对于衰老和抗衰老有着独特、丰富的经验，并且形成了许多著名的理论学说，其中有很多关于抗衰老和中医养生的系统性理论著作，如《黄帝内经》《千金方》《千金翼方》等。如今疲劳与衰老已经紧密地联系在一起，抗疲劳与抗衰老也越来越引起人们的关注。

（一）人体衰老的特征表现

1．外部特征

（1）皮肤松弛发皱，特别是额及眼角。这是由于细胞失水，皮下脂肪逐渐减少，皮肤弹性降低，皮肤胶原纤维交联键增加，造成皮肤松弛以致干瘪发皱。

（2）毛发逐渐变白变稀少，这是由于毛发中色素减少而空气增多，毛囊组织萎缩，毛发得不到营养而脱落所致，当然这也与遗传有关系。

（3）老年斑出现，这是一种称为"脂褐素"的沉淀所致，人到50岁以后，由于体内抗过氧化作用的过氧化物歧化酶活力降低（歧化酶能阻止自由基的形成），自由基增加，以致产生更多的脂褐素积累于皮下形成黑斑。

（4）齿骨萎缩和脱落，人到中年以后由于牙根和牙龈组织萎缩，牙齿会动摇至脱落。

（5）骨质变松变脆。老人的骨质变松脆，易发生骨折，软骨钙化变硬，失去弹性，导致关节的灵活性降低，脊椎弯曲，以致70岁左右的老人身高一般比青壮年时期减少6~10厘米，不少老人还会出现驼背弓腰现象。

（6）性腺及肌肉萎缩。人在40岁以后，内分泌腺，特别是性腺逐渐退化，出现"更年期"的各种症状，例如女性的经期紊乱、发胖；男人发生忧郁、性亢进、失眠等。人到50岁以后，肌纤维逐渐萎缩，肌肉变硬，肌力衰退，易疲劳和发生腰酸腿痛，腹壁变厚，腰围变大，动作逐渐变得笨拙迟缓。

（7）血管硬化，特别是心血管及脑血管的硬化和肺及支气管的弹力组织萎缩等。

2. 主要的功能特征

（1）视力、听力减退。

（2）记忆力、思维能力逐渐降低。大多数人在70岁以后记忆力会明显下降，特别是有近记忆健忘的通病（即近事遗忘）。这主要是因为老年人的大脑神经细胞大量死亡。

（3）反应迟钝，行动缓慢，适应力低。

（4）心肺功能下降，代谢功能失调。

（5）免疫力下降，因此易受病菌侵害，有的还产生自身免疫病。

（6）出现老年性疾病，如高血压、心血管病、肺气肿、支气管炎、糖尿病、癌肿、前列腺肥大和老年精神病等。

（二）普洱茶抗疲劳功效

慢性疲劳已成为困扰人们正常工作和生活的一种疾病现象。长期以来，众多学者期望能寻找到一种安全、有效、无毒副作用的良方来延缓疲劳的发生和加速疲劳的消除，而儿茶素有"提神解乏，明目利尿，消暑清热"的功能，具有广阔的开发前景。关于茶叶抗疲劳的研究有过少量报道，而有关普洱茶熟茶抗疲劳作用的报道则更少。研究者选用具有代表性的普洱茶熟茶样品，通过动物小鼠模型探讨普洱茶的抗疲劳效果。将三个供试茶样等量混合作为受试物。茶样经沸水浸提、抽滤机过滤、合并浸提茶汤、减压浓缩、茶汤浓缩液装瓶灭菌，制备得到茶汤浓缩液。

将小鼠按体重随机分为四个剂量组：空白对照组和普洱茶熟茶低、中、高剂量组，每组 20 只小鼠，雌雄各半。低、中、高剂量组分别给予普洱熟茶 0.5 克/千克、1.0 克/千克、2.0 克/千克；空白对照组给予生理盐水（0.9%）。每周称重 1 次，每天早上（9：00—11：00）根据体重经口灌胃给药 1 次，连续给药 30 天。进行小鼠负重游泳试验和生理生化指标血乳酸（BLA）、血尿素氮（BUN）、血乳酸脱氢酶（LDH）及肝糖原（LG）、肌糖原（MG）的测定。

实验结果表明，普洱茶熟茶低、中、高剂量组的小鼠在实验结束时的平均体重与实验开始时的平均体重相比，分别增加了 25.22%、28.03% 和 18.17%，空白对照组则增加了 31.37%。从外观上看，高剂量组小鼠体型较为瘦长。表明低、中、高剂量的普洱茶熟茶对小鼠体重的增长均具有显著的抑制作用，且以高剂量效果最佳。小鼠负重游泳时间是抗疲劳作用的直接反应，与抗疲劳效果呈正相关。与空白对照组相比，普洱茶熟茶低、中、高剂量组的小鼠负重游泳时间均有所延长，增加率分别为 25.74%、51.27%、56.00%。其中，普洱茶熟茶中、高剂量组小鼠负重游泳时间与空白对照组相比，呈极显著差异（$P<0.01$）。

这说明中、高剂量组的普洱茶熟茶能极显著地延长小鼠的负重游泳时间。有文献报道，机体中血乳酸（BLA）、血尿素氮（BUN）的含量与抗疲劳效果呈负相关，而乳酸脱氢酶（LDH）活力与抗疲劳效果呈正相关。试验探讨了不同剂量的普洱茶熟茶对小鼠 BLA、BUN 含量和 LDH 活力的影响。与空白对照组相比，普洱茶熟茶各剂量组小鼠运动后 BLA、BUN 的含量均有降低趋势，而 LDH 均有增高趋势。其中，中、高剂量组小鼠的 BLA 含量分别比空白对照组降低了 22.1%、27.8%，均呈极显著差异（$P<0.01$）；低剂量组小鼠的 BLA 含量比空白对照组降低了 17.9%（$P<0.05$）。高剂量组小鼠的 BUN 含量比空白对照组降低了 17.1%（$P<0.01$）；中剂量组小鼠的 BUN 含量比空白对照组降低了 12.6%，呈显著差异（$P<0.05$）。高剂量组小鼠的 LDH 活力比空白对照组增高了 26.3%（$P<0.01$）；中剂量组小鼠的 LDH 活力比空白对照组增高了 15.2%（$P<0.05$）。这表明，普洱茶熟茶能降低小鼠运动后 BLA、BUN 的含量，增加 LDH 活力，且以高剂量的普洱茶熟茶效果最佳。

以上实验研究结果显示，运动后低、中、高剂量组小鼠的 BLA、BUN 水平均显著低于空白对照组，而运动后中、高剂量组小鼠的 LDH 活力水平均显著高于空白对照组，这说明普洱茶熟茶可通过增强 LDH 活力，清除肌肉中过多的乳酸，从而减少运动中乳酸的生成，伴随着尿素氮生成的减少，机体对负荷的适应性提高，达到延缓疲劳的效果，其中高剂量组的效果最明显。

三、普洱茶抗氧化功效

普洱茶历来被认为是一种具有保健功效的饮料，茶性温和，老少皆宜。其中含有茶多酚、茶氨酸、生物碱、茶多糖、茶色素、维生素和矿物质等多种生物活性成分，有较高的药用价值。目前，市场上已出现多种含茶叶活性成分提取物的药品和保健食品。

近年来，自由基与多种疾病的关系越来越被重视，自由基生物医学的发展使得探寻高效低毒的自由基清除剂——天然抗氧化剂，成为生物化学和医药学的研究热点。21 世纪现代农业的一个重要内容，也是寻求和利用农产品新的生物活性物质，其中，抗氧化活性的研究至关重要。

抗氧化作用被认为是茶叶保健最重要的机理。普洱茶属于黑茶类，产于云南省西双版纳、普洱和临沧等地，因自古以来在普洱集散而得名。普洱茶与红茶、绿茶的主要区别在于它们经过特殊的加工工艺，在"后发酵"的过程中形成了一些特异的多酚类物质（可能是以儿茶素寡聚体为主的多酚类非酶性氧化产物）。近年来，普洱茶的抗氧化等生物活性已开始受到人们的重视，本章概述了近年来普洱茶抗氧化等方面的研究进展，并指出在此方面进一步研究的重要意义。

（一）普洱茶的抗氧化机理

目前的研究报道表明普洱茶抗氧化机制大致有以下三种途径。

（1）抑制或直接清除自由基的产生。普洱茶浸提物具有很强的清除羟自由基能力和抑制氧化氮自由基生成的能力。研究表明，普洱茶提取物可有效地在芬顿反应体系中发挥自由基清除作用，保护 DNA 超螺旋结构，防止链断裂。有研究表明，普洱茶水提物中的乙酸乙酯萃取层组分和正丁醇萃取层组分对 DPPH 和羟自由基均有较强的清除能力。

（2）抑制脂质过氧化。有研究表明，在动物试验中，普洱茶具有降低血清胆固醇水平的功效，但对血清中的高密度脂蛋白和甘油三酯的水平没有改变，高密度脂蛋白与总胆固醇的比值有显著提高，动脉粥样硬化指数得以降低。

在降低胆固醇方面，研究者以普洱茶的水提物（PET）为试验材料，探讨其于体外试验中对胆固醇生物合成的影响，以及在活体动物中是否具有降血脂的效果。研究结果发现，PET 在人类肝癌细胞株（HePG2）模式系统中，可以减少胆固醇的生物合成，且其抑制作用在生成甲羟戊酸之前。在动物试验中，也证实普洱茶有抑制胆固醇合成的效果。此外，还可降低血中的胆固醇、甘油三酯及游离脂肪酸水平，并增加粪便中胆固醇的排出量。孙璐西等研究表明，普洱茶水提物具有明显的抗氧化活性，清除自由基，降低 LDL 不饱和脂肪酸的含量以及 LDL 的氧化敏感度。

（3）螯合金属离子。有研究表明，普洱茶水提物具有螯合金属离子，清除 DPPH 自由基和抑制巨噬细胞中脂多糖诱导产生 NO 的效果。普洱茶有很强的抗氧化性，能够清除 DPPH 自由基和抑制 Cu^{2+} 诱导的 LDL 氧化。

普洱茶属后发酵茶，绿茶属不发酵茶。普洱茶渥堆的实质是以晒青毛茶（绿茶）的内含成分为底物，在微生物分泌的胞外酶的催化作用、微生物呼吸代谢产生的热量和茶叶水分的湿热协同下，发生的茶多酚氧化、缩合、蛋白质和氨基酸的分解、降解，碳水化合物的分解以及各产物之间的湿热、缩合等一系列反应。因此，普洱茶与绿茶在组成成分及抗氧化作用方面有较大差异。

大量的研究报道证实，绿茶中的多酚类物质具有较强的清除自由基和抗氧化活性。尽管普洱茶中多酚的含量比绿茶类少，但用超滤分离法得到的普洱茶水提物经分析后得出的高分子量物质（MW>3000Daltons）多于 50%（w/w），且普洱茶中没食子酸的含量高于绿茶。有研究报道，普洱茶提取物在芬顿反应体系中的自由基清除作用、抑制巨噬细胞中脂多糖诱导产生 NO 的能力与螯合铁离子作用均强于绿茶、红茶、乌龙茶提取物；200 微克/毫升普洱茶水提物的抑制脂质过氧化能力与其他茶类（绿茶、红茶和乌龙茶）相比无显著性差异，但当浓度增至 500 微克/毫升时，普洱茶水提物抑制能力均强于其他茶类。原因可能是聚合儿茶素或茶多糖等物质在普洱茶的生物活性中发挥一定作用。普洱茶降低甘油三酯（TG）水平超出绿茶与红茶；在脂蛋白（LP）中，4%的普洱茶可以提高 HDL-C 水平和降低 LDL-C 水平，绿茶与红茶均在降低 LDL-C 水平的同时也降低了 HDL-C 水平；普洱茶组更能降低动物脂肪组织的重量，后发酵的普洱茶比不发酵的绿茶更有效地抑制了脂肪生成。

在加工过程中，红茶和普洱茶的多酚类经"发酵"而氧化，因此均属"发酵茶"。但由于两者"发酵"方式及条件不同，选用的原料也不同，所产生的结果必然不同。红茶发酵过程中，茶树鲜叶的多酚类氧化是依靠多酚氧化酶（PPO）及过氧化物酶（POD）的催化作用完成的，而普洱茶在此过程中多酚类的氧化主要依靠湿热作用完成，因此普洱茶所具有的氧化产物及品质特征与红茶截然不同。

研究表明，红茶及普洱茶在280纳米、380纳米及450纳米处具有截然不同的色谱图及化学成分组成。红茶由于酶促氧化作用形成了一系列氧化产物——茶黄素（TF）、茶黄酸及茶红素（TR，大分子的未知结构物），并保留一定未氧化的多酚类及黄酮糖苷。而普洱茶的非酶促氧化作用却只形成一定量的 TR，未氧化多酚类物质的含量及黄酮糖苷含量也较低，其中表儿茶素没食子酸酯（ECG）几乎完全氧化，而氧化产物中却不含 TF 及茶黄酸。

普洱茶渥堆过程中形成大量茶褐素（TB），红碎茶中，（TF＋TR）/TB=1.52，而普洱茶中，（TF＋TR）/TB=0.03，表明 TB 是普洱茶中十分独特的品质。大量研究报道证实了 TF、TR 及 TB 均具有较强的药理作用，如抗氧化、防癌抗癌、抗菌抗病毒等。

（二）普洱茶抗氧化功能

研究者利用普洱茶粉，对照实验选用绿茶粉与红茶粉。3 种茶粉均用水浸提 2 次，合并浸提液，真空冷冻干燥后得茶浸提液。实验随机分成 4 组，对照组、绿茶组、红茶组与普洱茶组。采用灌胃给药小鼠，各茶组剂量为0.9 克/（千克·天），对照组灌胃给药相当量的对照液（蒸馏水）。每天记录各组小鼠的体重变化。给药 3 周后断头取血与肝组织，进行 MDA 含量、SOD 活性、GSH-PX 活性和体外自由基（DPPH）测定。

研究者先测定了用于本研究中各茶粉的化学成分。其中绿茶中的多酚含量均高于红茶与普洱茶，而黄酮类含量则低于红茶与普洱茶。红茶与普洱茶具有相当量的没食子酸与咖啡因，且含量均高于绿茶。在绿茶与普洱茶中仅检测到少量的 TF3G，红茶中的茶黄素含量高于绿茶与普洱茶。绿茶的儿茶素以 EGC 与 EGCG 为主，约占总量的 70% 以上。在 DPPH 反应体系中，各茶粉浓度的对数与清除率存在着线性关系（$P<0.01$）。由线性方程得出的抑制 50%DPPH 时所需浓度（IC_{50}），结果表明各茶粉对 DPPH 自由基

的清除效果由强到弱依次为绿茶>红茶>普洱茶。

　　整个试验期，小鼠体重基本上没有变化，实验末期体重虽略有下降，但与实验初期比较并无显著性差异（$P>0.05$）。与对照组相比，普洱茶组能显著降低小鼠血清中的 MDA 含量（$P<0.05$），绿茶组与红茶组均无显著性差异（$P>0.05$）。红茶组（$P<0.01$）与普洱茶组（$P<0.05$）均能降低小鼠肝组织中的 MDA 含量，绿茶组与对照组相比，无显著性差异（$P>0.05$），绿茶组与红茶组能提高小鼠肝组织中的 SOD 活性，与对照组相比达到极显著差异（$P<0.01$），而普洱茶组则对小鼠肝组织中的 SOD 活性具有抑制作用，与对照组相比达到极显著差异（$P<0.01$）。

　　在小鼠血清中，各组均未检测到 SOD 活性。绿茶组与红茶组均能显著提高小鼠血清中 GSH-PX 活性，与对照组相比达到极显著差异（$P<0.01$），普洱茶组对小鼠血清中 GSH-PX 活性无显著性影响（$P>0.05$）。肝组织中的 GSH-PX 活性结果表明，三类茶组均能提高小鼠肝脏中 GSH-PX 活性，与对照组相比，绿茶组与红茶组达到显著差异（$P<0.05$），普洱茶组则达到极显著差异（$P<0.01$）。

　　不同的发酵程度影响了绿茶、红茶与普洱茶的多酚组成与含量差异。绿茶杀青加工过程中，利用高温钝化酶的活性，在短时间内制止由酶引起的一系列氧化反应，因此绿茶中多酚类物质主要是未经氧化的儿茶素类。红茶与普洱茶均属于"发酵茶"，二者的化学成分具有一定的相似之处，如具有相当量的没食子酸、未参加多酚氧化反应的 GC 等，但由于二者的发酵方式及条件不同，也存在诸多化学成分的差异，红茶的多酚类物质还存在一些儿茶素类经酶促氧化（PPO 与 POD）或非酶促氧化形成的聚合物如 TF 等。普洱茶由于有微生物参与作用，在漫长的温、湿环境条件下其多酚类的变化更为复杂，且具有一定量的黄酮类化合物。在该研究中，红茶（水提物）仅含有约 1%茶黄素，可能是大部分茶黄素进一步氧化转化为茶红素或茶褐素等物质，普洱茶中大多数儿茶素已被氧化，仅存在一定量的 GC（约占水提物的 5.4%），且高于绿茶与红茶。尽管普洱茶中多酚的含量比绿茶少，但用超滤分离法得到的普洱茶水提物经分析后得到的高分子量物质（MW>3000Daltons）多于 50%（w/w），且普洱茶中没食子酸的含量高于绿茶。

　　研究表明，茶叶中多酚类化合物清除自由基的能力已远远超过维生素 C 和 E 等抗氧化剂。现有研究报道表明普洱茶提取物在 Fenton 反应体系中清除自由基作用。抑制巨噬细胞中脂多糖诱导产生 NO 的能力与螯合铁离子作用均强于绿茶、红茶、乌龙茶提取物。结果表明体外清除 DPPH 自由基能力大小依次为绿茶>红茶>普洱茶。

SOD 与 GSH-PX 是机体内清除自由基的重要抗氧化酶，对机体的氧化与抗氧化平衡起着至关重要的作用。研究结果表明，红茶与绿茶均能有效提高 SOD 活性，且红茶略高于绿茶，而普洱茶对 SOD 活性则起抑制作用。实验中各组血清中均未检测到 SOD 活性，可能是因为饲料中的高脂成分进入血液后较易形成 ROO-、RHOO-等类型的自由基，大量自由基转化后的下游产物抑制了 SOD 的活性。

三类茶对 GSH-PX 的活性均有促进作用，且普洱茶对肝组织中的 GSH-PX 活性促进作用均强于绿茶与红茶。MDA 是氧自由基攻击生物膜中的不饱和脂肪酸而形成的脂质过氧化物，可反映出机体内脂质过氧化和机体细胞受自由基攻击的损伤程度。

研究报道表明，当增至一定浓度时，普洱茶水提物抑制脂质过氧化能力强于绿茶与红茶，或许就是在本研究中与对照组相比，普洱茶显著降低了 MDA 的含量，而绿茶则无显著性差异的原因。普洱茶一些特殊保健功能可能与存在的特异多酚类物质，如儿茶素的寡聚体等密切相关。有报道称，在普洱茶乙酸乙酯萃取层中分离出的 ES 层，在清除羟自由基、超氧阴离子的能力及其对 H_2O_2 诱导 HPF-1 细胞损伤的保护作用均强于 EGCG。这也表明在普洱茶发酵过程中产生的一些未知的高分子量多酚类物质，如儿茶素衍生物或聚合物，可能具有与 EGCG 相当甚至更强的抗氧化功效。

普洱茶的化学成分非常复杂，多酚类黄酮类多糖类等化合物均具有较强的抗氧化活性。乙酸乙酯萃取部位为抗氧化活性部位，从该部位分离鉴定出的化合物主要有儿茶素类化合物、黄酮类化合物（山柰酚、槲皮素和杨梅素）以及黄酮的糖苷等，均具有较多的羟基及较强的自由基清除能力。没食子酸是普洱茶中的主要抗氧化活性成分之一。有研究者通过比较云南 5 个产地普洱茶的抗氧化活性，选择 3 年发酵的普洱饼茶，采用 DPPH 测定其抗氧化活性和自由基消除活性。

研究结果表明，5 个产地的普洱茶提取物均具有一定的抗氧化活性，以云南大理下关产的普洱茶抗氧化能力最强，其 EC_{50} 值为 8.88 毫克/升，云南普洱最弱，其 EC_{50} 值为 21.81 毫克/升，云南 5 个产地普洱茶抗氧化活性的强弱顺序为：大理下关普洱茶>西双版纳普洱茶>临沧普洱茶>红河普洱茶>

普洱市普洱茶。这表明普洱茶是一种优良的天然抗氧化剂和自由基消除剂，且云南不同产地普洱茶的抗氧化活性略有差异。

研究者采用高脂饲料饲喂法建立高脂血症大鼠模型，用普洱生茶、熟茶、乌龙茶、药组分别灌胃，实验 35 天后，检测大鼠血液丙氨酸氨基转移酶（ALT）、天冬氨酸氨基转移酶（AST）、总胆固醇（TCHO）、甘油三酯（TG）、高密度脂蛋白胆固醇（HDL-C）、低密度脂蛋白胆固醇（LDL-C）、谷胱甘肽过氧化物酶（GSH-PX）、微量丙二醛（MDA）、超氧化物歧化酶（SOD）的含量，以及观察大鼠的一般情况和肝、肾组织的病理变化，来观察普洱茶对实验性高脂血症大鼠血脂水平调节和血管内皮细胞的保护作用。结果表明，药、乌龙茶和普洱茶均能明显降低模型大鼠血液 TCHO、TC、LDL-C 和 SOD 含量，提高 HDL-C、AST、MDA 和 GSH-PX 的含量（$P<0.05$，$P<0.01$）。其中，普洱茶作用显著优于药、乌龙茶。说明药、乌龙茶和普洱茶均能显著调节机体的血脂水平，有效预防高脂血症，具有抗氧化等功能。

用同时蒸播萃取法（SDE）富集普洱茶挥发性物质，并用 GC-MS 分析其化学组成，采用 DPPH 和 FRAP 法对不同发酵阶段普洱茶挥发性物质的抗氧化活性进行评价，分析抗氧化活性与主要成分含量的关系。结果表明，普洱茶在发酵过程中甲氧基苯类化合物的相对含量大幅增加；挥发性物质的 DPPH 自由基清除能力和 FRAP 总抗氧化能力随发酵程度的加深呈显著上升趋势，发酵出堆后分别提高了 100% 和 296%；挥发性物质的 DPPH 自由基清除能力和 FRAP 总抗氧化能力与甲氧基苯类化合物和芳樟醇氧化物的相对含量具有显著正相关性。

通过比较分析陈化时间分别为 1 年、3 年以及 5 年的普洱茶多糖主要化学成分，评价其体外抗氧化性能，研究普洱茶多糖对四氧嘧啶诱导高血糖小鼠的餐后血糖、空腹血糖以及抗氧化状态的调节作用。研究结果表明，不同陈化时间的普洱茶多糖的含量和化学组成不同。5 年陈普洱茶多糖（PTPS-5）得率最高（3.66%），3 年陈普洱茶多糖（PTPS-3）次之（2.24%），1 年陈普洱茶多糖（PTPS-1）得率最低（0.79%）。三种普洱茶多糖的蛋白质含量随陈化时间的增加而增加，PTPS-3 和 PTPS-5 的糖醛酸含量也显著高于 PTPS-1（$P<0.05$）。

通过分析发现，尽管三种普洱茶多糖的单糖组成比例各不相同，但都是以半乳糖、阿拉伯糖、甘露糖为主，同时还有葡萄糖、鼠李糖、岩藻糖等单糖。分子量测定表明，普洱茶陈化时间可以提升普洱茶多糖中低分子量多糖的含量。普洱茶多糖具有较强的抗氧化活性和突出的 α-葡萄糖苷酶抑制能力，且和陈化时间有密切关系。在 4 种（ABTS 自由基、DPPH 自由基清除能力、FIC 铁离子螯合能力、FRAP 还原能力）不同的抗氧化评价体系下，PTPS-5 具有最强的 ABTS 自由基清除能力（IC_{50}=0.49 毫克/毫升）、DPPH 自由基清除能力（IC_{50}=1.45 毫克/毫升）、FRAP 还原能力（浓度为 1 毫克/毫升时，FRAP 值为 1623.07）、FIC 亚铁离子螯合能力（IC_{50}=0.73 毫克/毫升）。

此外，PTPS-5 还具有最强的 α-葡萄糖苷酶抑制能力（IC_{50}=0.063 毫克/毫升），显著高于阳性对照阿卡波糖（IC_{50}=0.18 毫克/毫升），而 PTPS-3 也具有和阿卡波糖相似的 α-葡萄糖苷酶抑制能力（IC_{50}=0.19 毫克/毫升）。不管是 4 种抗氧体系下的抗氧化活性，还是对 α-葡萄糖苷酶的抑制能力强弱，都是 PTPS-5>PTPS-3>PTPS-1。普洱茶多糖对四氧嘧啶诱导糖尿病小鼠体内抗氧化状态有积极调节作用。灌胃 40 毫克/千克剂量的 PTPS-5 能将小鼠血清以及肝脏组织中的 MDA 含量和 SOD 活性改善至和正常组小鼠无差异水平，GSH-PX 活性甚至显著高于正常小鼠（$P<0.05$），说明普洱茶多糖对糖尿病抗氧化状态有积极的调节作用。

除上述功能外，普洱茶还具有防治冠心病、预防肿瘤、抗菌、抑菌、抗病毒、抗辐射、护胃、养胃、助消化、预防夜盲症和白内障、降压、解酒、防治痴呆症等功效，普洱茶在世界各地享有"美容茶""减肥茶""益寿茶"的美称。普洱茶本身具有的诸多功效注定了普洱茶的绝对地位。

第四章　普洱茶的选购与贮藏

第一节　优质普洱茶产区介绍

从大的区域看，云南普洱茶主要分布在澜沧江中下游流域澜沧江与北回归线交汇处，将普洱茶区分为四大茶板块，分别是：东北茶区、东南茶区、西北茶区、西南茶区。东经100°附近的普洱茶，原料品质最优。

每个茶区都有不同的特色，各座茶山树木林立，鲜花盛开，终年小溪叮咚流淌，蝴蝶翩翩起舞。也因每座茶山的地理位置不同，水质气候相异，每个山头上茶的滋味也不一样。根据茶山的知名度，现将茶山介绍如下：

一、老班章茶

班章村隶属于云南省西双版纳勐海县布朗山乡，平均海拔1700米，年平均气温18℃~21℃。老班章属大叶种野生野放茶特色。在云南大叶种中，与布朗山香型口感类似，但质地更重、口感刺激性更强、舌面苦味最重者、香气下沉，舌尖与上颚表现不明显。老班章属于亚热带高原季风气候带，冬无严寒，夏无酷暑，一年只有旱湿雨季之分，雨量充沛，土地肥沃；有利于茶树的生长和养分积累。

自古以来，老班章村民沿用传统古法人工养护赖以为生的茶树，遵循民风手工采摘鲜叶，土法炒制揉捻茶青。老班章普洱茶茶气刚烈，厚重醇香，霸气十足，在普洱茶中历来被尊为"王者""茶王""班章王"等至高无上的美誉，老班章茶王树如图4-1所示。

老班章普洱茶汤水之柔，几乎无苦、涩之味，微微的涩感也是风拂柳枝雁过无声。含汤于口，其甘如饴，始终有一种淡淡的冰糖之味。汤色观之，有琥珀之美；晃之，有菜油之厚；品之，有含玉之润。其柔、其味、其色、其润，竟20余泡不变。

图 4-1　老班章茶王树

二、正山冰岛

西山冰岛起源于茶马古道云南临沧与双江之间，属邦马大雪山山脉。在勐库茶区冰岛村上方西边，又名正山冰岛。此地原始海拔 3000 米，被贮藏完好的原始森林植被覆盖。常年气候寒冷，早晚云雾笼罩，没有受到任何人工污染，被誉为"世界上最大的药房"冰岛的居民分为冰岛五寨，南迫寨、冰岛寨、糯伍寨、地界寨、坝歪寨。主要民族为傣族、拉祜族、布朗族。

茶区内规模化初制所较少，基本上是农户自采、自制、自售，鲜叶采摘比较标准，通常古树与乔木、台地分开采摘，价格差距较大。鲜叶以一芽二叶为主，嫩度较好，晒青茶基本工艺为鲜叶采摘，适度走水或不走水，铁锅高温杀青，轻揉、冷堆、阳光直射及晒棚干燥，茶条肥硕厚实，墨绿富光泽，芽毫较显，开泡后叶底肥厚柔韧，杀青均匀，基本无红梗。

冰岛茶是勐库大叶种的发源地，种植历史悠久，最早有种茶的历史可追溯到明成化年间。勐库大叶种是国家级良种茶，被称为大叶种的正宗、大叶种英豪。冰岛茶区内古茶与乔木混栽，坡地较多，极少成片成林，植被也较差。

冰岛五寨的古茶风格各异，东半山两个寨子坝歪、糯伍的茶高香、苦味轻，涩感较明显，但生津较好，回甘持久，汤略薄。西半山三个寨子中冰岛老寨风格明显，古树无明显苦涩，香气高扬，茶汤饱满，生津快，回甘快且持久，并因独特的冰糖韵而出名；地界及南迫两个寨子的茶则香气好，苦味较其他寨子稍重，无明显涩感，生津稍差，但回甘较好，汤饱满。正山冰岛散茶如图4-2所示。

图4-2　正山冰岛散茶

三、昔归自然村

昔归自然村，隶属于云南省临沧市临翔区邦东乡邦东村，属于山区。距离邦东村委会12千米，距离邦东乡政府16千米。面积3.82平方千米，海拔750米，年平均气温22℃，年降水量1 100毫米。

昔归古茶园多分布在半山一带，混生于森林中，属邦东大叶，是勐库冰岛茶的一个分支，古树茶树龄约200年，较大的茶树基围在60～110厘米。清末民初《缅宁县志》记载："种茶人户全县六七千户，邦东乡则蛮鹿、锡规尤特著，蛮鹿茶色味之佳，超过其他产茶区。"这里说的蛮鹿，现称为忙麓，锡规现称为昔归。忙麓山的茶还有一个特点，即其是自然生长的。有的树高三四米，有的五六米，有几棵茶树主干只剩下一截枯树桩，但又从底部重新长出了锄把粗的新树杈。大茶树基围在80～90厘米，茶园属传统采摘自然生长，树枝盘曲向上，经百年的人工无意造作，形成的造型嶙峋古怪，似卧龙、似飞禽展翅，既易攀缘采摘又有观赏性，是典型的人工栽培古茶园。

茶区内规模化初制所较少，基本上是农户自采、自制、自售，鲜叶采摘比较标准，通常古树与乔木、台地混采，分采价格差距不大，鲜叶以一芽二叶为主，嫩度较好，晒青茶基本工艺为鲜叶采摘，适度走水或不走水，铁锅高温杀青，紧揉、阳光直射及晒棚干燥，茶条墨绿紧实富光泽，芽毫不显。昔归茶树如图 4-3 所示。

图 4-3　昔归茶树

昔归茶内质丰富十分耐泡，茶汤浓度高，滋味厚重，香气高锐，茶气强烈却又汤感柔顺，水路细腻并伴随着浓强的回甘与生津，且口腔留香持久。昔归茶开汤，汤色淡黄清亮，入口即香，无杂味，味甘；三泡后回甘更明显，香气高锐，两颊与舌底生津，舌面感觉微涩，化得很快；4～6 泡后香气如兰，冰糖香渐显，水质较黏稠，重手泡后苦现，较轻，易化；7 泡后汤色几乎未变，醇厚，更佳，尚微涩，喉韵深，回味悠长；10 泡后水渐淡，甜味稍减，回甘好，冰糖香尚存。叶底墨绿柳条形，柔韧光鲜，杀青均匀，基本无红梗现象。

四、易武茶山

易武地名为傣语，意为"美女蛇居住之地"，因易武有个花蛇洞而得名。易武在唐代属南诏银生节度管辖，元代属车里军民路，明代属车里宣慰司，明隆庆四年（公元 1570 年）车里宣慰将其辖地划分为 12 个版纳时，易武与倚邦、整董合为一个版纳，称版纳整董，汉语称整董版纳。清顺治十八年（公元 1661 年），吴三桂将易武、倚邦划入元江府，清康熙三年（公元 1664 年）吴三桂又将易武、倚邦划回车里宣慰司管辖。清雍正七年（公元 1729 年）云贵总督鄂尔泰对西双版纳进行改土归流，将车里宣慰司管辖的澜沧江以东的六个版纳划归普洱府，易武也随之划归普洱府，并成为普洱府的贡茶收采地。民国后，1927 年易武划归镇越县，1930 年易武街成为镇越县治所驻地。

易武茶山位于云南省西双版纳傣族自治州勐腊县易武镇的山脉。在六大茶山的东部，紧靠中老边境，面积约 750 平方千米，是古六大茶山中面积、产量最大的茶山。易武乡古茶园主要集中在高山寨、落水洞、麻黑、曼秀、三合社等村寨。易武乡海拔差异较大，气候立体型，不同气候条件，造成了不同的生态环境，使之具有温暖、较温暖型两种气候特点。易武常年日照充足，雨量充沛，全区山高雾重，土地肥沃，温热多雨，热量丰富。茶区土壤，在热带亚热带季雨林成土条件下，由紫色岩和砂岩母岩风化发育而成，主要为砖红壤、赤红壤、黄壤。各地土质呈微酸性，pH 值为 4.5～6.5。土壤养分积累快，分解利用快，土壤有机质含量 4.5%以上，腐殖质厚 5 厘米以上。土层深厚，土壤透气性好，有机质含量高。古茶树分布区域植被生态系统保持较好，生长着诸如椿树、香樟树、榕树、漆树、董棕等高大乔木。气生植物多，树木、藤本植物园繁茂，森林覆盖率高，高等植物集中，构成了良好的生态环境，是种植茶叶的理想之地。

易武茶区目前主要是传统自采制茶，且采摘不规范，通常老嫩混采，茶区内早期很少有大规模的初制加工所，传统晒青毛茶制作工艺为：鲜叶采摘—大锅低温杀青—搓揉—日晒，故外形具有条索肥硕但大小长短不匀、春茶马蹄较多的特点，毛茶油润黑亮、黄片少，黑条多，新茶开汤色泽黄绿，苦涩较轻、青味明显，水汽稍重，叶底也通常会带焦片，红梗较多，但陈放些时日后则香气较好，汤中带甜，汤质较滑厚、回甘较好，陈化快，易武茶由于矮化较严重和长于山林，山野气韵不同，但在行内属蜜香典范，被称为"长跑冠军"。易武普洱茶饼如图 4-4 所示。

图 4-4　易武普洱茶饼

五、勐库

作为世界上最大的古茶树群，双江勐库大雪山野生古茶树群落直到 1997 年发生干旱时才被世人发现。这个野生古茶树群以其神秘的生存环境和极高的科研价值吸引了无数的专家学者前来考察调研。对于千年古茶树群的价值研究也一直在继续，这里是世界茶树起源中心之一。

邦马山位于云南临沧市和双江县西部与耿马县交界处，是南北走向的横断山系支脉。其主峰叫勐库大雪山，海拔 3233.5 米，位于双江县勐库镇境内。

勐库野生古茶树群落地处双江自治县西北大雪山中上部，分布面积约12000 亩，海拔为 2200～2750 米。群落所处环境条件和植被的主要特点是：勐库野生古茶树群落的植被类型属于南亚热带山地季雨林，其主要标志是：①板状根较发达（樟科、壳斗科）；②木质藤冠群落十分显著（如南五味子属）；③附生植物丰富（兰科、杜鹃花科和蕨类等）。群落结构为：主要建群树种为木兰科、樟科、壳斗科的种类构成了一级乔木层；二级乔木层以勐库野生古茶树为优势。此外还有五加科、茜草科、桑科等；林下大面积箭竹全部枯死，草木层主要有荨麻科等。在调查地块内，古茶树整个群落是原生的自然植被，且贮藏完好，未受人类破坏，自然更新力强，生物多样性极为丰富。在云南省内贮藏如此完好的原始植被实属少见，具有极为重要的科学和贮藏价值，是珍贵的自然遗产和生物多样性的活基因库，如图 4-5 所示为勐库古茶树。

图 4-5　勐库古茶树

勐库大叶茶叶片特大，长椭圆形或椭圆形，叶色深绿，叶质厚软。芽叶肥壮，黄绿色，绒毛较多。春茶一芽二叶，干样约含氨基酸 1.7%、茶多酚 33.8%、儿茶素总量 18.2%、咖啡碱 4.1%。适制红茶、云南绿茶和普洱茶。勐库大叶毛茶口感厚重，汤质醇厚，香气深沉，内质丰富，是制作普洱茶的上好毛料。2009 年双江县出台文件，规定除科研需要以外，勐库野生古茶树不允许任何形式的采摘行为。

六、老曼峨

老曼峨自然村隶属于云南省勐海县布朗山乡班章村委会行政村，属于山区。位于布朗山乡东北边，距离布朗山乡政府 16 千米。全村的面积为 68.4 平方千米，海拔 1650 米，年平均气温 18℃～21℃，年降水量为 1 374 毫米。老曼峨堪称西双版纳最古老的布朗族古寨，布朗族人世代以茶为伴，种茶、做茶、用茶、易茶。古寺内的石碑记载，其建寨已有 1380 年的历史。全寨有 220 户 808 人，保留着百年以上的古茶树 3205 亩，有近万亩生态茶园。

老曼峨茶树分布于村落四周，属乔木大叶种，为勐海种的典型代表，以栽培型古茶树为主，茶树龄在 100～500 年。老曼峨茶树也有才栽种几十年的小茶树，小茶树所采摘制作的茶又名甜茶。

苦是老曼峨茶的一大特征。春茶青味重、性极寒，品饮苦若黄连，条形肥壮厚实，匀称显毫，汤色黄明透亮，有明显苦寒气息，滋味浓烈厚实，久泡有余香，耐冲泡，入口苦味比较重，略带涩感，但苦涩化得快，且持久，极耐冲泡。相对苦茶而言，老曼峨甜茶香气更醇、更高，但还是有明显的苦涩感，化得较快，回甘很好，生津也较好。

通常古树与乔木、台地、甜茶与苦茶分采，分采价格差距较大，鲜叶以一芽二叶为主（图 4-6），嫩度较好，晒青茶基本工艺为鲜叶采摘，适度走水，铁锅高温杀青，松揉、阳光直射及晒棚干燥。

图 4-6　老曼峨鲜叶

七、麻黑

麻黑自然村隶属于云南省西双版纳傣族自治州勐腊县易武镇麻黑村委会，属于山区。位于东北边，距离易武乡9千米，是麻黑村委会所在地。海拔1331米，年平均气温17℃，年降水量1950毫米，适宜种植粮食、茶叶等农作物。有耕地2013亩，其中人均耕地7.19亩；有林地1213亩。以瑶族、彝族为主（是汉、彝、瑶族混居地）。

麻黑原属古慢撒茶区，为古六大茶区之一，麻黑是易武著名茶山之一，易武几大山头出产的茶料历来受到普洱茶迷的青睐，而"麻黑"又是易武茶中最具韵味的茶，相比易武正山几大产区的茶来说，不论从品质还是产量来说"麻黑"都是不可多得的茶品，如图4-7所示。

图4-7 麻黑普洱茶

茶区内大多山区坡地与雨林混生，无阶梯状，古茶园茶树大多修剪矮化过，采摘无标准，以二叶及三叶居多，茶区内少有规模初制加工厂，以家庭自采、自制为主，基本工艺为鲜叶采摘，适度走水，铁锅中温慢杀青，轻揉，松长条形，乌黑油润，芽毫不明显。

易武茶香扬水柔，而麻黑茶更以阴柔见长，汤糯、柔、清、雅，有花果香。早春香气极好，留杯时间长，汤色油光透亮，口感宽广饱满，柔中带刚，绵密、细腻，韵致精深，香气高扬、平衡、中正、厚重，叶底弹性好、厚实，红梗情况普遍。

八、布　朗

布朗山乡是我国唯一的布朗族民族乡，也是最古老的古茶区之一。布朗山位于滇南边陲勐海县中缅边境。2000 多年前，濮人首先定居于此，称为"濮满山"。古时曼桑、曼新属车里宣慰使司地，其余属勐混土司。因以族称，所以名布朗山。1950 年属勐混区，1953 年设布朗山布朗族自治区，属西双版纳傣族自治州。1958 年置布朗山区，1969 年设五一公社，1973 年为布朗公社，1984 年置区，1987 年置布朗山布朗族乡。位于县境南部山区，南和西与缅甸接壤，有公路通县府。

全乡地处山区，境内山峦起伏连绵，沟谷纵横交错，平均海拔 1216 米，最高点在北部的三垛山，海拔 2082 米，孤峰高耸，可鸟瞰布朗山全境，是南部山系中最高的山峰。

南部山系从三垛山开始，向南经广坝卡—纠相正—旧桑直至中缅交界的瞭望台山，纵贯布朗山乡全境，将布朗山分为东西两个部分。最低点在西南部的南桔河与南览河交汇处，海拔 535 米。布朗山属南亚热带季风气候，阳光充足，雨量充沛，平均年降水量达 1374 毫米，年平均气温 18℃～21℃，全年基本无霜或霜期很短。一年有干湿两季，最大蒸发量出现在 3～4 月，最小蒸发量出现在 11～12 月，年蒸发量大于降水量。冬春两季多雾，夏秋两季多阴雨。

布朗古茶山主要包括老曼峨、老班章、新班章和曼新龙等寨子的古茶园。其中，老曼峨是布朗族在布朗山最早建立的寨子之一，其种茶历史已有 900 多年。

布朗山古茶山拥有栽培型的古茶园资源 9505 亩，均为普洱茶种。古茶园分布在班章村委会新班章、老班章、老曼峨，曼昂村委会帕点和曼糯，新龙村委会曼新龙和曼别，曼囡村委会曼囡老寨和吉良村委会吉良村民小组。古茶园主要分布在班章、勐昂、吉良三个村委会，有普洱茶和苦茶变种两类。

布朗山普洱茶的茶树树型特征（甜茶）：乔木或小乔木，开张，约 1 米高。外形：叶脉对数 15～18 对，叶片长×宽在 12 厘米×6 厘米～20 厘米×7 厘米之间，叶椭圆形或长椭圆，叶面隆起，叶身内折或平，叶质柔软适中，叶色深绿或黄绿，叶底弹性好；口感：苦涩味较重，回甘快，生津好，香气独特（杯底有麦芽糖的香味），当地称之为甜茶，如图 4-8 所示。

图 4-8　布朗普洱茶茶饼

布朗山普洱茶品质特色和口感：布朗山茶属乔木大叶种，汤色橙黄透亮，口感浓烈，回甘快、生津强，香气独特，是众多中外客商和普洱茶爱好者梦寐以求的收藏佳品。

九、勐宋

勐宋乡，隶属云南省西双版纳傣族自治州勐海县，地处勐海县东部，东与景洪市交界，南邻格朗和哈尼族乡，西与勐海镇相连，北接勐阿镇，东北连勐往乡。

勐宋乡地处横断山脉的南缘地段，山高谷深，河谷交错。地形特点是东西宽、南北长，地势由西北向东南倾斜。主要山脉有滑竹梁子、老苗地、马鹿洞大梁子、纳卡山、曼西良后山、隔界山、南本河后山、曼吕大山、纳光梁子、扎黑地头等。

境内最高点位于西部的滑竹梁子，海拔 2429 米；最低点位于东南部的回令河与流沙河交汇处，海拔 772 米。相对高差 1657 米。海拔 1500～2000 米地区气候温凉，年平均气温 16℃～17℃，年降水量 1500 毫米左右。

勐宋古茶山位于勐力海县勐宋乡境内，东接景洪市，南连格朗和乡，隔流沙河与南糯山对望。勐宋是勐海最古老的茶区之一，从勐宋保塘村留下的几十亩特大型古茶树分析，勐宋山区少数民族种茶的历史与南糯山少数民族种茶的历史一样悠久。

勐宋古茶山如今贮藏下来的古茶园有 3000 多亩，主要分布在大安、南本、保塘新寨、保塘旧寨、坝檬、大曼吕、腊卡等寨子。保塘离乡政府约 10 千米，是勐宋乡最具代表性的一个古茶村。勐宋古茶园大多为拉祜族所种，古茶园附近都有拉祜族古寨。清光绪年间已有汉人进入勐宋保塘、南本定居，做茶叶买卖。

　　勐宋的茶种属乔木中叶种，乔木茶树基本不成林（片），多是坡地雨林混生，茶区内灌木茶居多，近年新建规模初制所较多，但还是以农户自采自制晒青毛茶外售为主，鲜叶采摘较标准，通常以一芽二叶为主，嫩度较好，晒青茶基本工艺为鲜叶采摘，适度走水，于铁锅中高温杀青，轻揉、阳光直射及晒棚干燥，因茶种偏中小叶，故条形匀称，纤细秀美，芽毫较显，如图4-9所示。

　　勐宋茶开汤香气高扬而沉实，汤色黄明透亮，入口苦涩味稍重，尤其涩感较明显，但化得很快，生津一般，口感饱满丰富，回甘强而持久，唯汤质下沉感稍弱。耐泡度较勐海其他山头的茶稍差一些，叶底黄润柔韧，光鲜度好，杀青较均匀，基本无红梗、红叶现象。

图4-9　勐宋茶树

十、南糯山

　　南糯山位于景洪到勐海的公路旁，距勐海县城24千米。是西双版纳有名的茶叶产地。平均海拔1400米，年降水量1500～1750毫米，年平均气温16℃～18℃，十分适宜茶树生长。

　　南糯山被称为茶树王的栽培古茶树，基部径围达1.38米，树龄800多年，可惜在 1994 年死去。在茶树王旁 2 米左右的地方，现还存活着一株干径超过 20 厘米的大茶树，据说是茶树王的儿子。后来人们在半坡寨古茶园中新命名了一棵茶王树。

南糯山距勐海县城 24 千米，自古以来就是澜沧江下游西岸最著名的古茶山，是优质普洱茶的重要原料产地。南糯山最早什么时候开始种茶已不可考，但可以肯定的是，直到南昭时期，布朗族的先民还在此种茶；后来布朗族迁离南糯山，遗留的茶山被爱伲人继承；根据当地爱伲人的父子连名制可推算出他们已经在南糯山生活了 57～58 代，大约已有 1100 年的历史。

很早之前，半坡老寨周围森林茂密，交通很不便利，茶叶外运只能靠马帮。由于当地茶叶的品质优良，大量的马帮会在每年的农历十月之后进入村庄，将茶叶驮到思茅、勐海、勐腊等地贩卖，还有些大型马帮直接将茶叶驮到东南亚的许多国家。南糯山的老人说："普洱本地虽然有茶叶，但口感远不及南糯山的大树茶。普洱人正是靠着南糯茶山的茶叶，制作出了闻名中外的优质普洱茶。当然，普洱茶的兴旺也带动了南糯山的富裕。"

南糯山茶园总面积约有 21600 亩，其中古茶园 12000 亩。古茶树主要分布在 9 个自然村，比较集中的是：竹林寨有茶园 2900 亩，古茶园 1200 亩。半坡寨有茶园 4200 亩，古茶园 3700 亩。姑娘寨有茶园 3500 亩，古茶园 1500 亩。南糯山古茶园由于分布较广，不同片区的茶的口感滋味有一定区别。

南糯山茶是云南大叶种茶勐海种的典型代表之一，号称古茶第一村，是江外新六大茶山之一，也是云南茶种的基因库，村村寨寨有古茶，或种于坡地，或与雨林混生，生态环境较好，茶区内品种较多，其中很多优良品种都发源于此，比如大家所熟悉的南糯白毫、云抗系列、紫娟等茶都源于南糯山。

茶区内近年来新建规模化初制所较多，很多一线品牌普洱茶生产商都把南糯山当作重要原料基地来做，但农户自采、自制、自售还是比较普遍，鲜叶采摘比较标准，通常古树与乔木、台地分采，分采价格差距较大。近年来较热门的寨子主要是半坡老寨、拔玛，当地茶农鲜叶采摘以一芽二叶为主，嫩度较好，晒青茶基本工艺为鲜叶采摘，适度走水，铁锅高温杀青，松揉、阳光直射及晒棚干燥。南糯山风景如图 4-10 所示。

图 4-10　南糯山风景

　　南糯山茶的基本特征是：条索较长、较紧结，匀称度好，比较显毫，一年的茶汤色金黄，明亮；汤质较饱满；苦味明显，回甘较快且持久，涩味持续时间比苦长，生津较好。新茶香气不扬，带有花香和蜜香，不过山野气韵较强，耐泡度较好，叶底黄润，柔韧度好，杀青均匀，基本无红梗。

十一、景迈大寨

　　景迈大寨隶属于云南普洱澜沧拉祜族自治县惠民哈尼族乡景迈村委会，属于山区。景迈大寨村坐落在景迈、芒景万亩古茶园内，与帮改村、笼蚌村、南座村、那耐村、糯干村、勐本村、芒埂村、芒景村、芒洪村、翁洼村、翁基村、老酒房村等 10 多个自然村组成了占地面积 2.8 万亩的景迈山万亩古茶园。景迈大寨村的茶鲜叶都以"景迈山普洱茶"的名义对外销售。

　　景迈大寨，属于山区。海拔 1550 米，年平均气温 19.4℃，年降水量 1800 毫米，适宜种植水稻等农作物。

　　景迈种茶有近 2000 年的历史。古茶山由景迈、芒景、芒洪等 9 个布朗族、傣族、哈尼族村寨组成。整个古茶园占地面积 2.8 万亩，实有茶树采摘面积 1.2 万亩。芒景、景迈古茶山是人与自然融合的最佳典范，也是普洱茶的原生地，景迈大寨村落如图 4-11 所示。

图 4-11 景迈大寨村落

景迈山茶属乔木大叶种，十二大茶山中乔木树最大的一片集中在这里，号称"万亩乔木古茶园"。茶树与雨林混生，古茶树成片成林，大多未经修剪矮化，贮藏完好，现存最大的一株茶树高 4.3 米，基部干径 0.5 米，另一株高 5.6 米，基部干径 0.4 米。茶园茶树以干径 10～30 厘米的百年以上老树为主。茶树上有多种寄生植物，其中有一种被称为"螃蟹脚"，近年来受到热捧。

茶区内规模化初制较少，基本上是农户自采、自制、自售，鲜叶采摘比较标准，以一芽二叶为主，嫩度较好，晒青茶基本工艺为鲜叶采摘，适度走水，铁锅中高温杀青，轻揉、冷堆、阳光直射及晒棚干燥，条形黄白匀称，纤细秀美，芽毫较显。景迈制茶有充分捻揉的传统，条索较紧结黑细，同时由于长于山野中有古树避光，且生长周期长，因此色泽黑亮。

景迈茶香气凸显、山野之气强烈。由于茶树与森林混生，具有强烈的山野气韵，是乔木古树茶中山野气韵最明显的古茶之一，而且具有特别的、浓郁的、持久的花香，兰花香是景迈茶独有的香。

景迈茶的甜是直接的、快速的，同时又是持久的。苦弱涩显，景迈茶属涩底茶，苦味有但不强，涩味较为明显。耐冲泡，一般可以到 20 泡，叶底黄润柔韧，光鲜度好，杀青较均匀，基本无红梗、红叶现象。

十二、贺开

贺开村隶属于云南省西双版纳傣族自治州勐海县勐混镇，地处勐混镇东面，距镇政府所在地 8 千米，到乡镇的道路为土路，交通方便，距勐海县城 20 千米。东邻大勐龙镇，南邻格朗河乡，西邻曼蚌村委会，北邻布朗山乡。辖曼贺勐、广冈、曼弄老寨、邦盆老寨等 9 个村民小组。全村面积 25.74 平方千米，海拔 1200 米，年平均气温 17.6℃，年降水量 1329.6 毫米，适合种植水稻、甘蔗、茶叶、苎麻等农作物。农民收入来源以种植粮、糖、茶、麻为主。

贺开是江外新六大茶山之一，云南大叶种勐海种的原产地之一，也是云南连片古茶贮藏面积较大、较完整的茶区之一，贺开的古茶树主要分布在曼弄新寨、曼弄老寨、曼迈几个寨子里，茶区内古茶树成片成林，多为坡地种植，与雨林混生，无修剪矮化，因前些年交通不便，生态环境较好，为 2008 年后新兴古茶山头的主要代表。

因茶区内古茶资源丰富，所以近年新建规模化初制所较多，很多一线品牌普洱茶生产商都把贺开当作重要原料基地及茶山旅游重地，但农户自采、自制、自售还是比较普遍，鲜叶采摘比较标准，通常古茶树与乔木、台地分采，分采价格差距较大，当地茶农鲜叶采摘以一芽二叶为主，嫩度较好，晒青茶基本工艺为鲜叶采摘，适度走水，铁锅局温杀青，松揉、阳光直射及晒棚干燥，贺开古茶树如图 4-12 所示。

图 4-12　贺开古茶树

贺开古树茶条索黑亮紧结，茶条稍长，油润度好，较显毫，汤色金黄明亮，有明显苦味，苦化得较快，回甘较快、较明显，涩感较明显，化得稍慢，但生津很好，汤质饱满，山野气韵较强，杯底花蜜香气明显且较持久，耐泡度好，叶底黄润柔韧，杀青均匀，基本无红梗。

十三、忙肺

　　忙肺茶山位于永德县勐板乡西南边，距离勐板乡 8 千米，是忙肺村委会所在地。海拔 1500～1600 米，年平均气温 24℃，降水量达 1013 毫米。

　　茶区内至今还生长着中华木兰以及大面积的野生型、过渡型、栽培型的古树茶，而忙肺大叶茶是国茶级良种茶，也属冰岛茶引种种植，现今茶区内还有大面积的藤条茶种植。茶区内多是少数民族，且以佤族居多，故传统茶园种植管理较为粗犷，茶园多居山坡种植，很少呈梯地状，当地茶园因植被不多，故光照充足，茶叶生长状况良好。

　　茶区内规模化初制所较少，基本上是农户自采、自制、自售，鲜叶采摘比较标准，通常古树与乔木混采，分采价格差距不大，鲜叶以一芽二叶为主，夏茶也会采一芽一叶，嫩度较好，晒青茶传统工艺为鲜叶采摘，高温闷杀，雨水天则家家有自制烤箱低温烤干，故多还有烟味。近年来因忙肺茶价格走高，故晒青茶工艺有所改良，基本工艺为鲜叶采摘，适度走水或不走水，铁锅高温杀青，轻揉、阳光直射及晒棚干燥，茶条白绿富有光泽，芽毫明显，忙肺普洱茶如图 4-13 所示。

图 4-13　忙肺普洱茶

　　忙肺茶冲泡汤色清澈明亮，香气馥郁高扬，口感饱满协调，甘醇顺滑带微涩，舌底生津明显，苦味较重，但回甘快而明显，喉韵甘润持久，叶底柔韧光鲜，杀青均匀，基本无红梗。

十四、倚邦

倚邦属古六大茶山之一，地处勐腊县象明彝族乡西北边，距乡政府所在地 24 千米，距勐腊县 198 千米。年平均气温 25℃，年降水量 1700 毫米。古倚邦茶区内有 19 个自然村，倚邦古茶山傣语称"磨腊"倚邦，即茶井之意。古倚邦茶区海拔差异大，最高点山神庙海拔 1950 米，最低点磨者河与小黑江交汇处海拔只有 565 米，倚邦茶区著名的产茶地有倚邦、曼松、架布、嶍崆、曼拱等。

茶区种茶历史悠久，明代初期倚邦山已茶园成片，在曼拱古茶园中还保留着基部径围 1.2 米、高 6 米，树龄 500 年左右的古茶树，至今保留古茶树较多的是麻栗树、倚邦、曼拱等地，倚邦村落如图 4-14 所示。

图 4-14　倚邦村落

倚邦茶山包括倚邦区的一两个乡，一乡乡政府设在倚邦街，由曼砖到倚邦，须经嶍崆河和架布河，均属倚邦一乡，包括习崆寨（本地人）、架布寨（香堂）、背阴山（香堂）、曼松寨（香堂）、曼昆山（布朗）、大桥头（本地人）、麻栗树（本地人）、细腰子（本地人、汉）、龙宫河（本地人、汉）、孔心树（本地人、汉）、三家村（汉）、龙家寨（本地人）及倚邦街（本地人、汉）。明代初期倚邦山已茶园成片，有傣、哈尼、彝、布朗、基诺等少数民族在此居住种茶，汉族大部是由石屏迁来。

倚邦茶树比易武茶树低矮、叶小、芽细、节短，持嫩性差。农民说："比易武茶好，不浑，只要一小点就好，泡多有涩味。"茶区内茶叶多属小叶种类型。据说是由四川人早期迁居倚邦带入，从先期制茶专销四川等情况看来，此地的小叶种茶叶可能是从四川引来。倚邦本地以曼松茶叶最好，有吃曼松看倚邦之说。茶树大多山区坡地与雨林混生，无阶梯状，古茶园大多未修剪矮化过，呈乔木状，采摘较标准，以二叶及一叶居多，茶区内无规模初制加工厂，以家庭自采自制为主，基本工艺为鲜叶采摘，适度走水，铁锅高温杀青，轻揉、松条，枝梗匀称饱满，芽毫明显，开泡香气迷人，水路细腻，无明显苦涩感，叶底光鲜油润富有活性，基本无红梗。

十五、漭水

漭水镇隶属于云南省保山市昌宁县，地处昌宁县东北部，东与耇街彝族苗族乡隔江相望，南与临沧市凤庆县接壤，西与田园镇毗邻，北与大田坝镇交接。镇内最低海拔 1050 米，最高海拔 2850 米，年平均气温 14.5℃，年降水量 1450 毫米左右，有低热河谷、温凉和高寒等多种气候类型。

漭水茶属昌宁大叶种，是国家级地方有性群体种，种茶历史可追溯到明洪武年间，当地历史名茶"碧云仙茶"有详细记载，大面积种植则是在 20 世纪 50 年代到 70 年代。当地古茶资源丰富，除了人工栽培型古树茶外，还有大面积的野生古树茶资源。当地传统茶以红茶及绿茶为主，故晒青茶工艺并不算成熟。2007 年以前，古树茶价格与乔木茶价格并没有明显差距，当地人也没有采摘古树茶的习惯，传统晒青茶工艺为鲜叶采摘，不走水，高温杀青，紧揉，日晒，故外形紧结，乌黑油润，不显毫，当地没有压制普洱茶的习惯，原料基本外供，漭水普洱茶如图 4-15 所示。

图 4-15 漭水普洱茶

2007 年以后古树山头茶概念兴起，当地开始分采古树茶，工艺大多借鉴勐库及勐海，现茶区内采摘比较标准，以一芽二叶为主，基本工艺为鲜叶采摘，适度走水或不走水，中高温杀青，轻揉捻，日光直晒干燥，外形白绿油亮，芽毫明显。

浠水茶冲泡汤色黄绿明亮，香气高扬，口感略显单一，有明显涩感，舌底生津明显，苦味较轻，回甘慢但比较持久，耐泡度稍差，叶底柔韧光鲜，杀青均匀，基本无红梗。

十六、凤山

凤山镇地处凤庆县城所在地，是全县的政治、经济和文化中心，也是儒文化荟萃之地，著名的"滇红"茶的发源地。全镇总面积 218.316 平方千米，东与洛党、小湾两镇相接，南与三岔河镇相连，西至勐佑镇、德思里乡，北与大寺乡相邻，境内群山纵横、山峦起伏，最高海拔 2 863 米，最低海拔 1 472 米，森林覆盖率为 28%。气候温和，日照充足，雨量集中，干湿分明，冬无严寒，夏无酷暑，年平均气温 16.6℃。雨量丰沛，年平均降水量 1 307 毫米。

凤庆大叶种，又名凤庆长叶茶、凤庆种。属于有性系、乔木型、大叶类、早生种。树姿直立或开张。叶椭圆形或长椭圆形，叶色绿润，叶面隆起，叶质柔软，便于揉捻成条。嫩芽绿色，满披茸毛，持嫩性强，一芽三叶百芽重 9 克，较勐库大叶种轻，没有勐库种肥壮。是我国 1984 年首次认定的国家级良种，编号为"华茶 13 号（GSCT13）"。

凤庆种茶、制茶历史悠久，现存于小湾镇香竹菁 3 200 年的茶王树被认定为世界上最古老的人工栽培型古茶树，而明代大旅行家徐霞客所记载的"凤山雀舌""太华茶"等历史名茶均在凤庆境内，凤山茶更是因 1938 年试制出优质滇红及滇绿茶而闻名。

凤庆是全国十大产茶县之一，是云南第一产茶大县。1939 年凤庆茶厂建厂后基本以生产红茶为主，因家家户户茶园较多，故没有自制晒青茶及滇红茶的习惯，多是采摘鲜叶上交到当地较大规模的初制所进行加工销售。传统晒青茶工艺为鲜叶采摘，不走水，高温杀青，紧揉，日晒，故外形紧结，乌黑油润，不显毫。当地没有压制普洱茶的习惯，原料基本供应下关、勐海等厂。

当地古树茶资源丰富，但茶农没有采摘古树茶的习惯，所以古树、乔木、台地茶的价格差距不大。

近年来普洱茶持续走高，很多人认识到凤庆茶的价值，开始深入凤庆茶区制作古树茶，但采摘还是不太标准，基本上为一芽二叶、一芽三叶混采。工艺有所改良，基本为鲜叶采摘，适度走水或不走水，中高温杀青，轻揉捻，日光直晒干燥，外形墨绿油亮，芽毫明显。

凤山茶冲泡汤色清绿明亮，香气馥郁高扬，有淡淡藜蒿之清香，口感饱满协调，有明显涩感，舌底生津明显，苦味较轻，回甘较慢但比较持久，叶底柔韧光鲜，杀青均匀，基本无红梗。凤山茶茶饼如图4-16所示。

图4-16　凤山茶茶饼

第二节　普洱茶选购技巧

一、明确选购普洱茶的目的

在琳琅满目的茶叶市场，要挑选到适合的普洱茶，应在具备一些普洱茶知识的基础上，调动所有的感觉器官，观察、品尝后再挑选，但在选购普洱茶之前，需要明确几件事。

首先，明确购买普洱茶的目的。是日常品饮、收藏，还是做装饰用？

（1）若是日常品饮，大多数人倾向于饮用熟茶，只要挑选合口的熟茶，买回去随时取用泡饮即可。而哪种茶合口，就要在选购时静下心来仔细品味。茶是一种很感性的饮品，喜欢茶的人多重情趣，因此有时买茶常会被人"忽悠"，带着很好的感觉买的茶叶，回家一喝才觉得这里或那里总有点不舒服，这也是一个过程，买茶的人大多会有这个过程，也是茶趣的一部分。选茶时的心态很重要，特别注重在茶行的试饮，注意茶汤色和茶的耐泡程度、滋味变化等，以及饮用后身体的反应。

（2）如为收藏升值，先不讨论如果你不是商人这种想法是否妥当，单就选购来说，需要考察的方面就太多了，如茶的品质、该款茶品的总量、市场目前的反映、茶品的被识别程度、仓储状况等。

（3）如为存放自饮，期待日后转变陈化，等到越陈越佳的陈香陈韵出现后，再细细品饮，就要注意茶的原料、工艺等影响茶陈化的因素。

（4）如作为装饰品，茶的外观品相、造型色彩、历史意义等是主要的决定因素。

其次，喜欢的滋味、口感是什么？适合饮用什么类型的普洱茶？选生茶、熟茶、细嫩芽头还是肥壮粗老一点的茶？

生茶和熟茶滋味相差甚远，生茶与生茶或熟茶与熟茶之间也存在较大的区别，各种茶的特异之处往往成为人们选购的理由，如嫩芽头茶柔和甘美、肥壮粗老一点的茶醇厚味浓，一水、二水春茶比夏茶少了些苦涩，另外由于发酵技术掌握的火候不同，不同厂家的茶也有明显差别，且随着储存，年份不同以及因此产生的区别。

对饮茶后身体的反应应予以重视，选择自己喝起来使身体舒服的茶。有些人饮用生茶后身体会有明显的反应，如肠胃功能紊乱、兴奋难眠、饥饿心悸等。选茶时应考虑自己身体的接受程度。相对而言熟茶对身体刺激较小，但身体比较敏感的也会在饮茶后难以入睡。

最后，购买普洱茶的心理价位是多少？

在茶叶市场里，茶叶按品质不同，价格从几十元到几百几千元不等。但所有茶类中价格相差最大的是普洱茶。从二三十元到几千几万元，甚至十几万元一饼的普洱茶各行其道，各自有着市场需求。

事先根据自己的购买能力、买茶动机等设定一个可接受的购买普洱茶的价格范围，考虑好购买普洱茶的目的、价位。

二、普洱茶选购的"四大要诀"及"六不政策"

与绿茶、红茶等的挑选相比，普洱茶的选购因涉及更多方面，如生普还是熟普、干仓普还是湿仓普、新普还是陈普等，所以其选购更具挑战性。但其总的大原则是一样的，在购买前，最好能多看、多品、多学、多掌握一些茶学知识。

根据茶友的一些选购经验，我们总结出了选购普洱茶的一些技巧，归纳起来为"四大要诀"及"六不政策"。

（一）四大要诀：清、纯、正、气

1. 清闻其味

不论普洱茶品的生熟、干湿仓、新陈、形状、价位，首先要闻其茶味儿，在陈化发酵数十年之久后，茶身一定会带有陈年老味儿，但老味儿不等于霉味儿，茶史再久也不应该有霉味儿产生（闻有霉味儿则代表着贮藏不当，其茶品必受损）。

所谓"陈而不霉"，是指陈年积留的老味儿会在拆开茶身之后的"醒茶"过程中，通风散去，而霉味儿是因茶的品质变坏，由内而外受潮而发霉所散发出来的异味儿，霉味儿会"久醒而不去"。

如此说来闻其味儿是很重要的，假若存放 50 年的茶闻起来又霉又不自然，那么即使存放 100 年，其价值也不会"连城"。因此在选购时，一定要把握一个原则，宁愿买新茶慢慢喝，也不要买又老又难喝的茶品。

2. 纯辨其色

普洱茶品在未冲泡之前，一定要先闻一闻，是否有干净清味儿（没有异味儿或霉味儿），接下来就是泡泡看，在正常环境下普洱茶品即使存放 30 年、50 年，甚至上百年，其茶汤的颜色也绝对不会变黑或散发出怪异的味道。

现今很多的消费者会在心底存有一种错觉，就是普洱茶存放久了，其冲泡的茶汤颜色一定会变黑或转成墨色，其实并非如此。普洱茶自古就有"越陈越香"之说，普洱陈放发酵后，冲泡之后的茶汤颜色会由淡黄转成枣红，存放时间越久其茶气会越强越浓，且茶汤表面略带油旋光泽，绝不会变成黑黑的颜色。

最新制作的普洱生茶在冲泡时，就如同台湾地区的茶一样新鲜富有弹性，汤色呈金黄色，入口时略有苦味或涩味。普洱生茶就是需要时间来等待其内部化学成分发酵氧化，利用空气中的水分及空气环流而产生氧化、聚合反应，陈化时间越久，其刺激性越低，茶的品质就会越醇和（当然因添加了存放成本，制茶成本就相对有所增加，且在喝一些少一些的情形下，越喝越顺口，越喝越好喝，珍惜者皆拥茶自重，好茶是不会寂寞的）。

因此，普洱茶的好并非绝对，也并非年代或标价所能知晓的，切勿轻信商家的介绍，唯一的标准就是：喝着好喝，喝得舒服，喝得没压力。

3．正存其位

所谓"正"，乃不偏不倚。普洱茶一经制作为成品后，最重要的就是陈放环境与时间长短，在普洱茶的广大消费群体里，很少有人会去真正地关心了解茶的陈化环境与陈化发酵的时间年代，因为茶品的陈化时间并非三年或五年就可达到醇和浓厚的品质，至少需要花 20~30 年的时间，才会达到好喝的境界，若要真正成为"陈普"，达到接近完美、无与伦比的境界，则至少需要 50 年的贮藏时间（注意要在干净通风的空间妥善存放）。

若是在地下室或不通风潮湿的处所存放 50 年甚至更长时间，不论是生茶或是熟茶，都是无价值可言的，反倒是时间越长，茶品霉变越严重，越无品质可言。

"正"还指心态要摆正。茶就是用来喝的，入门初期，在选购普洱茶时千万不必顾虑太多因素。经过知识积累和茶市的磨炼，达到一定程度时，可以尝试购买一些陈年茶品，感受一下陈年普洱的韵味。

4．气品其汤

茶气之"气"与生气之"气"字形一样，但意义却截然不同。生气之"气"有形而睢看，但茶气之"气"无形却感觉舒服。"茶气"对多数的茶友品茗者来说，是很含糊的一个概念，但也是普洱茶最主要的特色之一。一般人认为"茶气"就是指茶气味儿的浓淡、轻重、薄厚等，其实不然，"茶气"是非常内涵的，是茶的精、气、神和人的精、气、神的融合。

茶气进入人体内部，运行于经络之中，如果到达了一定强度，就感觉到全身体内激荡一股热气，接着促使毛孔轻轻发出微汗，并且渐渐凝聚在骨骼中，成为一股清流，浸养着全身的肌骨。所以会感到筋骨在清敛，肌肤渐爽。如果此时再增加茶气，则清敛爽化逐渐浮现，且在体内窜激，最后沉浸在一股飘然且舒适的意境里。

（二）六不政策

1．不盲目追求年份

之所以错误地形成以年代为标杆的概念，是因为年代往往决定着茶品的价格，为了想多卖些钱，也顺便让客人放心，自我安慰自己品茗功力及采购实力，谎报年代等情形十有八九。一位知名普洱茶收藏者曾说，其实存放 20 年以上的普洱茶目前市场上已经很少了，三四十年以上的普洱茶更是罕见。所以在此还是不厌其烦地劝上一句话："年代只能作参考，不能尽信。"对普洱茶来说，年代越久越好（因为普洱茶有"越陈越香"之说），但"越久"指的是仓储地点合适，仓储时间适可而止才好，避免喝到在潮湿空间存放的"老"普洱，以及氧化过度的普洱茶。有人认为年代越久越值钱。其实不然，19世纪70年代故宫收藏百年的"人头"团茶经过泡饮鉴定，发现该陈茶只有暗红的汤色，茶味全无。这是由于年份太久，茶叶已"陈化"过度了，其价值就大打折扣。所以说年代只能作为购买时的参考条件之一。

2. 不以为发霉的普洱茶才是好的

现今，饮用普洱茶的人越来越多，当中不乏一些初入门者，他们大多不懂茶，一般以茶饼外包装、品牌、颜色等来判断普洱茶的质量，甚至有人受普洱茶"越陈越香"理论的左右，错误地认为，只有茶饼上长了厚厚一层毛、发霉的才是好的普洱茶，其实并非如此，消费者在选购时要擦亮眼睛，切勿花过多冤枉钱买到霉变无法饮用的劣质茶。

3. 不以伪造包装为依据

包装也只能作为参考，有句俗语："包装包装，包了就'装'。"所以在选购时，我们要睁大眼睛，明辨真伪，绝不可视茶的外包装为判断的唯一依据。科学进步使印刷技术发展迅速，加上人为有意造假等情形使人难分真伪包装，那么，茶的生产工序及生产包装依据要如何追根究底呢？听价钱不失为一种捷径，将价钱、年代、包装三因素对照，看是否合理。若年代、价钱、包装没有逻辑关系或报价不合乎市场行情，试问：聪明的您还会买吗？

4. 不以汤色深浅为借口

要知道颜色最易造假，如冲泡时间长短、投茶量大小都可改变茶汤颜色。基本上，只要生茶干净、通风佳的陈放空间所发酵的茶品，就算存放50年或100年，茶的汤色依然不可能变黑或变深枣红色，绝对是油光气十足、色金黄转枣红才对。有些茶商就是在冲泡上用些小技巧来弥补茶汤的不足，例如置茶量少一点儿，出水时间快一点儿，如此一来能"盖"过去一些茶品的缺点。切记真理只有一点，就是普洱茶越陈越香，越泡越好喝，茶的汤色是极富生命力的，而不是闻之杂味儿久久不退，喝之喉头不悦之怪现象，有道是，好茶一杯入口心旷神怡，二杯入口人生何求。

5. 不只根据味道来评判

谈到这里，当然就要特别强调味道，所谓味道，就是用闻香的方式体会判断，而感觉出来的香气频率即是所谓的味道。所以在毫无参照准则的前提下，公说有樟香气味，婆说有兰香陈味儿，而业者更是"杂味儿十足"。其实生茶品唯一的味道就是樟香味，陈年生普会有老味儿老韵。熟茶品就可能因人为发酵的轻重而有所谓的几分熟几分生的争议，最好的分辨方法就是渥堆发酵越少（因为渥堆太久，茶性全软化死性了，失去越陈越香的意义）及拼配蒸压时间越短的茶品，其品质越佳。

6. 不以叶种为考量

现代种植技术使普通人难以识别什么才是真正古树乔木型大叶种。时下众多的消费者以为大大、平平、薄薄的大叶就是野生或是乔木种，而众多业者依然迷信大叶才有市场。但事实并非如此，灌木种茶叶也可呈现大大、平平、薄薄的外形特征。之所以出现此种情况，是因为灌木种茶树在充足的阳光、养分和水分的滋养下，发生充分的光合作用，生长速度极快，致使原本狭窄的叶片转基因成大大、平平、薄薄的大叶，所以消费者要跳出"大叶就是大叶种"的误区，避免被人为培育出的灌木种大叶所蒙蔽，从而上当受骗。

三、普洱茶级别的划分

为了使广大消费者面对多种多样的普洱茶能选购到自己满意的茶品。首先，应确定要购买普洱散茶还是紧压茶。其次，是确定要买高档茶还是一般茶（价格范围）。最后，运用自己所掌握的有关普洱茶品质鉴定的方法，结合市场上销售的各种普洱茶品的特征来选购。

目前市场上出售的普洱散茶按照由嫩到粗老的级别，大致划分为：普洱金芽、宫廷普洱、礼茶普洱、特级普洱、一级普洱、三级普洱、五级普洱、七级普洱、八级普洱、九级普洱、十级普洱。下面将分别介绍各级普洱散茶的品质特征，以作为您选购普洱散茶的参考依据。

（1）普洱金芽：单芽类，原料全部为金黄色的芽头，色泽褐红且亮，条索紧细。冲泡汤色红浓明亮，香气浓郁持久，滋味醇和回甜，叶底儿细嫩、匀亮。

（2）宫廷普洱：条索紧直、细嫩，金毫显露，色泽褐红发光。冲泡汤色红浓，陈香浓郁，滋味浓厚醇和。叶底儿褐红、细嫩。

（3）礼茶普洱：条索紧直、较嫩，金毫显露。冲泡汤色红浓，陈香四溢，滋味浓厚醇和，叶底儿细嫩，呈褐红色。

（4）特级普洱：条索紧直、较细，毫毛显露。冲泡汤色红浓，陈香浓郁，滋味浓厚醇和，叶底儿褐红、细嫩。

（5）一级普洱：条索紧结、肥嫩，较显毫。冲泡汤色红浓明亮，滋味浓厚醇和，香气纯正，叶底儿褐红、肥嫩。

（6）三级普洱：条索紧结，尚显毫。冲泡汤色红浓，滋味醇和，香气浓醇，叶底儿褐红、柔软。

（7）五级普洱：条索紧实，略显毫。冲泡汤色深红，滋味醇和，香气纯正，叶底儿褐红、欠匀。

（8）七级普洱：条索肥壮、紧实，色泽褐红。冲泡汤色深红，滋味醇和，香气纯和，叶底儿褐红、欠匀。

（9）八级普洱：条索粗壮，色泽褐红。冲泡汤色深红，滋味醇和，香气纯和，叶底儿褐红、欠匀。

（10）九级普洱：条索粗大，尚紧实，色泽褐红略带灰。冲泡汤色深红，滋味平和，香气纯和，叶底儿褐红、欠匀。

（11）十级普洱：条索粗大、稍松，色泽褐红稍花。冲泡汤色深红，滋味平和，香气平和，叶底儿褐红、稍粗。

一般普洱茶叶的外形应具有条索肥壮、紧实，色泽褐红（或带灰白色）；冲泡汤色红浓，陈香浓郁，滋味浓厚醇和，爽滑回甘，叶底儿褐红、柔软，久经耐泡等特点。普洱紧压茶除内质特征相同外，外形还应具有形状匀整端正、棱角分明、模纹清晰、不起层或掉面、松紧适度的特点。

在选购普洱茶时，可以参照以上标准衡量，是否能达到各级别相应的特征。如果想了解得更深入，则最好再开汤审评一下，品尝其香气、滋味是否纯正，是否符合自己的口味，这样就能万无一失地、准确地选购到满意的普洱茶了。假如是作为礼品赠予他人，当然还要考虑到茶叶外包装是否精美。

第三节　普洱茶贮藏要点

早在 19 世纪，茶人就对普洱茶品质的提高和保管有研究，如《普洱茶记》中记载："气味随土性而异，生于赤土或土中杂石者最佳""种茶之家，芟锄备之，旁生草木，则味劣难售"。这说明对茶叶品质的要求，早在栽培时期便要讲究。同时，为了保持普洱茶的品质，古人也有"或与他物同器，则杂其气而不堪饮矣"的警语。由此可知，普洱茶如何贮藏也是茶人不可忽略的一个方面。

一、普洱茶耐贮藏的特性的表现

茶叶是疏松多孔的干燥物质，若收藏不当，很容易发生化学变化，引起变质、变味等。普洱茶也不例外，但因其与众不同的"渥堆"加工工艺，使其具有了耐贮藏的独特性，主要表现在以下两方面。

（1）经过一定时间的自然发酵之后，普洱茶的品质会得到提高（后熟作用）。

（2）随着品质的提高其价值也会得到提升，越是年代久远越是稀少，价值也越高，"能喝的古董"就是这一点最好的说明。

所以说，普洱茶具备了饮用性和收藏性的双重功能。随着普洱茶功效不断被认识，喜爱普洱茶的人会越来越多。受"普洱茶越陈越香"的影响，有许多喜爱普洱茶的人都想妥当地收藏一些普洱茶，希望一定时间后其品质能够得以提高。作为个人消费可以享受陈年普洱的独特韵味，作为商品可因其升值而获利。

普洱茶的增值和保值分为两个方面的原因，一是对人体的作用，二是市场价格。普洱茶具有后发酵性。普洱茶里的活性酶，导致发酵普洱茶后，形成了以下化学反应。

（1）无色的儿茶素聚合成茶黄素和茶红素。

（2）淀粉、纤维素、木素水解成糖类、酯类和醇类。

（3）蛋白质水解成氨基酸。

这样一来，随着时间的推移，普洱茶在发酵过程中，所转换的为人体直接吸收的物质就会增加。普洱茶发酵后，人体可以获得的有益物质逐年增加，而导致普洱茶的市场价值增加，也就是普洱茶具有了收藏性，价格自然就会上涨。

二、影响普洱茶储存的化学成分

茶叶的品质与茶叶中的主要化学成分如茶多酚、茶色素、可溶性糖、氨基酸等密切相关，这些化学成分在贮藏过程中的变化左右着普洱茶的色、香、味。

（一）茶多酚

茶多酚是一种天然的复合物，其魅力在于它的存在让茶叶拥有了独特的苦涩和浓淡滋味。据研究，茶多酚在茶叶的干重中占据了约四分之一的比例，这一比例足以看出它的重要性。而茶多酚主要来源于茶叶中的儿茶素、黄酮类、茶皂素等物质。在这些成分中，儿茶素的含量最高，大约占据了茶多酚总量的80%，这使得儿茶素在茶多酚中扮演着非常重要的角色。

茶多酚氧化程度的高低决定着茶多酚总量在茶叶中所含的比重，茶多酚总量在茶叶中所含比重的不同形成了普洱茶不同程度的醇厚、回甘、生津的特点。尤其是儿茶素的减少，使茶叶的苦涩味改变最为明显。有关研究表明，自然贮放10年的普洱散茶，茶多酚减少为13.94%；贮放20年的普洱散茶，茶多酚减少得更多，仅剩余8.98%。

茶多酚并非一成不变，它的变化与茶叶的贮藏时间和温度有着密切的联系。随着时间的流逝和温度的升高，茶多酚的自动氧化和聚合反应会加速进行。这不仅改变了茶多酚本身的化学性质，也会影响茶叶整体的食用价值和营养价值。这些变化并非偶然，而是受多种因素共同影响。例如，光照会促使茶多酚的自动氧化反应加速，使得茶叶的陈化速度加快。此外，金属离子也会加速茶多酚的聚合反应，使得茶叶在贮藏过程中更容易变质。

尽管茶多酚的变化给茶叶的储存带来了一定的挑战，但这也为茶叶赋予了独特的魅力。正是由于这些变化，茶叶才拥有了千变万化的口感和香气。同时，茶多酚的广泛变化也使其在食品、医药和化妆品等领域得到了广泛的应用。

（二）茶色素

普洱茶中的茶色素是其独特呈色物质，主要包括茶黄素、茶红素和茶褐素。这些物质是在茶叶发酵过程中逐渐形成的，尤其在普洱茶的陈化过程中，茶色素会不断积累和增多。

茶黄素、茶红素和茶褐素是普洱茶的三种主要茶色素，它们各自具有独特的性质和特点。茶黄素是一种淡黄色的物质，具有收敛性和刺激性，能够增加普洱茶的口感和香气。茶红素则是普洱茶中含量最多的一种茶色素，具有柔和的甜味和收敛性，同时也能增强普洱茶的口感和品质。而茶褐素则是一种暗褐色的物质，是陈化普洱茶呈色的主要物质，其含量的多少可以决定普洱茶汤色的深浅程度。

随着普洱茶存放时间的延长，茶褐素的含量会逐渐增加，这会导致汤色的变化。初始阶段，普洱茶的汤色会由红亮逐渐加深，呈现出一种红褐色的光泽。这种色泽的转变是普洱茶陈化过程中的一个重要标志，也是判断普洱茶品质的一个重要指标。除了对汤色的影响外，茶色素还对普洱茶的口感和香气产生重要影响。随着存放时间的延长，普洱茶中的茶色素会与其他物质相互作用，产生更为复杂的化学变化，从而影响普洱茶的口感和香气。茶色素是普洱茶的重要呈色物质，随着存放时间的延长，其含量会发生变化，导致汤色的变化。了解茶色素的变化有助于我们判断普洱茶的品质和陈化程度。同时，对于普洱茶的制作者来说，控制茶色素的含量也是提高普洱茶品质的重要手段之一。

（三）可溶性糖的含量

可溶性糖类是形成普洱茶醇甘味道的重要物质。在普洱茶的贮藏过程中，随着茶叶的含水量及贮藏温度的变化，可溶性糖的含量发生明显的变化。总的来说是普洱茶储存时间越长，其可溶性糖类的含量越高，冲泡出来的茶汤的甜味会相应加重。

普洱茶作为一种典型的后发酵茶，具有"茶汤红褐明亮，越陈越香"的特点，普洱茶特别是晒青茶是活的有机体，它的感官品质和独特风味必须经历相当长时间的后发酵过程才能形成。

从感官品质来看，晒青茶随着贮藏时间的延长，茶叶颜色由浅墨绿向微棕褐变化，滋味由苦涩转变为入口涩微苦回甘、滑顺，汤色由淡黄色转变为红黄色或琥珀色。熟茶的汤色由红褐色向褐红色转变，香气由清纯转为陈香持久，滋味转向醇厚甘甜。

从普洱茶的化学成分、组成、含量和功能来看，随着储存时间的延长，不管是晒青茶还是熟茶，其含有的茶多酚、儿茶素、游离氨基酸、茶红素、茶黄素含量、可溶性糖保留量都有明显的降幅，黄酮类化合物增加，茶褐素大量积累，普洱茶抗氧化性、清除二氧化氮（NO_2）能力未呈现明显增强规律性，而对 α-淀粉酶抑制作用有所增加。

普洱茶的保值、增值，是通过良好的收藏而达到目的的。存放保管好的，其普洱茶后发酵充分，从而达到物质转化充分的目的，冲泡时氨基酸、蛋白质类物质浸出更多，就能达到保值增值的目的。同时提升口感享受普洱茶的历史味道。

三、普洱茶的贮藏方式

普洱茶的贮藏方式按环境的干燥度、茶叶的含水量及作用时间可分为干仓贮藏法和湿仓贮藏法两种贮藏方式。

（一）干仓贮藏法

干仓贮藏法是一种传统的普洱茶贮藏方式，它通过将普洱茶放置在相对干燥的环境中，利用云南独特的地理优势和气候条件，使茶叶在自然状态下缓慢陈化。这种贮藏方式注重的是茶叶的通风、干燥和清洁，以保持茶叶的品质和口感。在干仓贮藏过程中，茶叶在干净、干燥的环境下自然发酵和陈化，避免了潮湿和霉变等因素对茶叶的影响。茶叶的香气、口感和色泽都会在这个过程中逐渐形成和改善，散发出独特的陈香味。

普洱茶干仓贮藏法对普洱茶的品质和口感具有深远的影响，其优点主要包括以下几个方面。

（1）保持茶叶的纯正品质和口感。干仓贮藏能够保持普洱茶的天然色泽和香气，避免潮湿和霉变对茶叶品质的影响，有效防止茶叶产生不良化学反应，从而保持茶叶的纯正品质和口感。

（2）有利于茶叶内部的化学反应缓慢进行。在干仓贮藏的环境下，普洱茶内部的化学反应会缓慢进行，使茶叶的营养成分得到充分释放。这个过程有助于提高茶叶的品质和口感，使其在长时间的陈化过程中逐渐形成独特的口感和品质。

（3）促进茶叶的陈化过程。干仓贮藏的环境有利于普洱茶的陈化过程，使茶叶逐渐散发出独特的陈香味。陈化后的普洱茶口感更为醇厚，具有更好的营养价值和品茗体验。

普洱茶干仓贮藏法也有其局限性，主要包括以下几个方面。

（1）需要自然陈化，所需时间较长。干仓贮藏需要普洱茶在自然状态下缓慢陈化，所需时间较长。这使得许多消费者难以等待茶叶达到最佳的品质和口感，从而影响他们对普洱茶的评价。

（2）难以满足市场需求。随着人们对普洱茶的认知和品茗意识的提高，市场对高品质普洱茶的需求也在不断增加。然而，干仓贮藏需要时间较长，难以满足市场的即时需求。为了解决这个问题，一些茶商开始采用其他贮藏方法，如湿仓贮藏等，以加快茶叶的陈化过程。

干仓贮藏普洱茶是一种能够保持茶叶纯正品质和口感的传统贮藏方式。

然而，为了满足市场需求和消费者的品茗体验，茶商们需要在传统方法的基础上不断探索更加高效的贮藏方法。同时，消费者在购买普洱茶时也需要注意选择正规的渠道来购买，以确保茶叶的品质和口感。

（二）湿仓贮藏法

随着普洱茶的消费量与日俱增，传统的干仓贮藏法因所需时间较长而无法满足人们的需要。为了解决这个问题，缩短贮藏陈化的时间，同时达到传统普洱茶的品质特点，采用湿仓加速其陈化就应运而生。

"湿仓"就是人为地改变普洱茶存放时的温度、湿度，营造不透风的环境使之快速发酵。这种贮藏法的重要环节就是在仓储环境中增大湿度、提高温度，营造适合自然微生物的生长环境以作用于普洱茶。

"湿仓"是指在高温、高湿下，空气温度在 80%以上，不通风透气，容易产生滋生物的仓储环境。"湿仓"极难掌握，湿仓过度则茶叶霉变。将普洱茶存放在"湿仓"中后进行发酵，称为"湿仓后发酵"，这种普洱茶称"湿仓"普洱茶。

按其水分加入量和作用时间的长短，湿仓贮藏的普洱茶又分为重度湿仓普洱茶、中度湿仓普洱茶和轻度湿仓普洱茶三种。湿仓处理最大的特点就是仿老茶的做法消除普洱茶的苦涩味，这就是普洱茶中多酚类物质的氧化、降解或聚合的结果。

普洱茶贮藏时间的长短，决定了其化学成分——茶色素的形成。干仓自然陈化的普洱茶，富有浓厚的乡土文化底蕴。湿仓普洱茶也有一定的市场，因发酵时间短满足了消费者寻求口感刺激的老茶风格。

在云南由于地理、气候特点，形成了一个天然的干仓。消费者在购买到人工发酵的普洱茶后可以进行自然干仓陈化。若想加快茶的陈化，可以根据具体情况，控制好温度、湿度，进行湿仓处理，以达到普洱茶的理想品质。

四、普洱茶的贮藏条件

对普洱茶而言，仓储是普洱茶加工过程中的关键一环，它已不仅仅是贮藏，而且是为向好的陈化方向转变的重要步骤。消费者在购买普洱茶后至饮用普洱茶之前也有一个贮藏保管的过程，尤其是在妥善贮藏后普洱茶在一定时间内品质更优，促使普洱茶的贮藏成为一种时尚。茶叶是一种保健食品，为保证其功效的正常发挥，应科学贮藏。普洱陈茶的品质形成有两个重要的因素：一是原料的选择，只有选择用料精良、品质稳定的茶叶，才具有陈化的根本；二是存储环境的选择，茶叶在贮存期间由于受水分、氧气、温度、光照、微生物等外界因素的影响，内含物会发生氧化、聚合等化学反应，使得普洱茶在色泽、滋味、香气等方面都发生变化，影响贮藏过程中普洱茶品质形成的存储条件主要包括以下几个方面。

（一）流通的空气

普洱茶的后发酵是一个复杂的过程，其中涉及活性酶作用需要适当的氧气存在。流通的空气中含有较多的氧气，这可以促进茶叶中微生物的繁衍和内含物质发生变化，从而影响到茶叶的品质。因此，将普洱茶挂置在通风的阳台上并不明智，因为这样会让茶气被吹走，茶变得淡然无味。

然而，这并不意味着应该将茶叶放在一个密不透风的封闭空间里。相反，普洱茶需要适度的流通空气来保持其品质。最好的方法是将其存放在有适度的流通空气的房间里。这样的环境可以提供足够的氧气来支持茶叶中的微生物繁衍和内含物质变化，同时也不会让茶气和茶味消散。

在选择存放普洱茶的环境时，我们还需要考虑到房间的温度和湿度。普洱茶需要一个相对稳定和适宜的环境来保持其品质。过高的温度或过低的湿度都可能对茶叶产生不利影响。因此，最好选择一个具有良好通风、适宜温度和湿度的房间来存放普洱茶。

（二）恒定的温度

普洱茶放置地点的温度不可太高，也不可太低，应当适应当地环境，不要刻意地设置温度，正常的室内温度就可以，普洱茶放置的温度常年保持在 20℃～30℃为最佳。普洱茶的陈化过程是一个渐进的酶促反应，温度低于 20℃，普洱茶固有酶的活性降低，会阻碍普洱茶的自然陈化（这与其他茶叶贮藏时要持续低温不同）。但超过 50℃，酶蛋白会出现变性，酶促反应基本停止，这会减缓普洱茶的变化过程，且会加速普洱茶的氧化（普洱茶变质就是茶叶过度氧化的结果）。

同时，温度对普洱茶陈香香气的形成有一定影响。研究表明，普洱茶香气在低温下陈香明显，高温下陈香减退，太高的温度会使茶叶氧化加速，有效物质减少，影响普洱茶的品质。所以合理控制温度是形成优质普洱茶的重要条件。但要注意无论什么时候，普洱茶都不可被太阳直射，置于阴凉处为好。

（三）适宜的湿度

普洱茶在存放过程中，对其环境有着严格的要求。所谓的"干仓"，指的是在相对干燥的环境中进行存放，避免普洱茶受潮。在过于潮湿的环境中，普洱茶的陈化过程会受到阻碍，甚至可能导致茶叶发霉。因此，"干仓"存放是保证普洱茶品质的重要条件。

然而，这并不意味着普洱茶的存放环境应该过于干燥。过于干燥的环境可能会使茶叶的陈化过程变得缓慢，甚至停滞不前。为了确保普洱茶能够正常陈化，应该在保持干燥的前提下，适当地增加一些湿度。

贮藏室相对湿度应控制在 65% 左右，湿度增加可以促进微生物繁殖，但湿度超过 70% 后，空气湿度会将茶叶释放的香味大量吸收，加速普洱茶香味释放。而超过 80% 后，茶品霉菌快速生长，容易让普洱茶产生劣变与熟化的现象，出现辛辣的香气和滋味，汤色也会出现浑浊现象。

在较为干燥的环境里存放时，可以在普洱茶的旁边放置一杯水，稍微增大空气的湿度，但是过于潮湿的空气又会导致普洱茶的快速陈化以致引起"霉变"，令茶叶不可饮用。由于沿海一带为温暖的海洋性气候，在梅雨季节湿度可能会高于 70%，所以那段时间应注意及时开窗通风，疏散水分。

（四）单一的气味

普洱茶的存储，是一个严谨而细致的过程。由于茶叶具有很强的吸附性，会像海绵一样吸收周围的氧气和其他气味，因此存储茶叶的环境至关重要。为了保持茶叶的纯正气味和品质，需要设立专门的贮藏室。这个贮藏室应该没有异味，这可以避免周围的异味污染茶叶。异味可能来自香皂、蚊香、樟脑丸等物品，如果与茶叶存放在一起，茶叶可能会吸收这些异味，从而改变其原有的品质和口感。神龛、厨房、浴室等地方也不适合作为普洱茶的存储地点。这些地方不仅容易受到外界气味的干扰，而且可能因为湿度、油烟等对茶叶产生不良影响。例如，厨房的油烟味或者香料味可能会污染茶叶，而浴室的潮湿环境可能会使茶叶受潮，破坏茶叶的品质。

为了减少周围环境对茶叶的影响，我们可以在放入茶叶之前，先在贮藏室内撒一把干燥的茶叶。这可以使茶叶自身吸收空气中的异味，从而净化环境。然后再将需要贮藏的茶叶放入其中，这样可以有效地保持茶叶的纯正气味和品质。这个过程可以反复进行，以确保茶叶在存储过程中始终保持其独特的香味和品质。普洱茶的存储需要严格控制周围环境的气味，以避免茶叶受到杂气杂味的干扰。通过采取适当的措施，我们可以让普洱茶在存储过程中保持其独特的香味和品质，为消费者带来更好的品茗体验。

（五）避免光照

光照对普洱茶的贮藏和品质具有很大的影响。阳光中的紫外线具有很强的能量，能够直接影响到茶叶中酶的活性和促进光化作用。当茶叶暴露在阳光下时，紫外线会破坏茶叶中的活性酶，导致茶叶发酵过程的不均匀，同时也会加速茶叶内含物质的分解，进一步影响茶叶的品质和口感。除了紫外线的影响外，光照还会引起茶叶中叶绿素的分解，导致茶叶颜色的变化。长时间暴露在阳光下的茶叶会逐渐失去其原有的色泽，变得枯黄无力，甚至会产生不良的气味和口感。

为了保持普洱茶的品质和口感，应该采取措施避免其直接暴露在阳光下。首先，可以选择将茶叶存放在阴凉、避光的地方，比如房间的阴面或地下室等。这些地方可以有效地减少光照对茶叶的影响。还可以使用不透光的材料如锡箔纸或黑色塑料袋将茶叶包裹起来。这样不仅可以避免茶叶直接暴露在阳光下，还可以有效地减少外界环境对茶叶的影响，保持其原有的品质和口感。避免光照是普洱茶贮藏过程中一个非常重要的环节。只有采取有效的措施，才能确保普洱茶的品质得以保持，提供更好的品茗体验。

总之，在普洱茶的后发酵或陈化过程中，湿度的控制至关重要，不论是高温高湿还是低温高湿，都容易使茶叶发生霉变；而高温低湿和低温低湿会导致茶叶陈化过程缓慢。在自然陈化的过程中，由于受到地域、气候条件变化的影响，适时采取一些辅助方法改善温湿度，如南方夏季可用除湿机降低湿度，北方冬季可用暖气和加湿器来营造合适的存储环境，提高普洱茶陈化的品质。

五、普洱茶贮藏的注意事项

（一）普洱茶最好在干仓中储藏

普洱茶的贮藏方式主要有两种：干仓贮藏和湿仓贮藏。这两种方式各有特点，适合不同的口味和需求。然而，对于大多数消费者来说，干仓贮藏是更好的选择。

干仓贮藏是一种较为恒温、恒湿的贮藏方式，不涉及温度和湿度的剧烈变化。在这种环境下，普洱茶可以逐渐自然发酵，不会因为过高的湿度或温度而发霉或变质。这种贮藏方式注重的是茶叶的通风和防潮，避免茶叶受潮或霉变。相比之下，湿仓贮藏是指在湿度较高的环境下进行贮藏。虽然这种方式可以使茶叶发酵加速，但由于湿度较高，容易使茶叶受潮、霉变，破坏茶叶的本质。如果湿度控制不好，茶叶很容易发生碳化现象，完全破坏茶叶的纤维结构，改变其本质。

宋朝蔡襄在其所著的《茶录》中明确指出："茶宜箬叶而畏香药，喜温燥而忌湿冷。"这说明古代茶人就已经认识到茶叶对于温度和湿度的敏感性。因此，为了保持普洱茶的自然性和纯真性，干仓贮藏是更好的选择。

（二）温度不可骤然变化

贮藏茶叶的仓库中的温度调节和控制至关重要。这是因为茶叶对温度比较敏感，过高的温度和温差变化幅度过大，都可能对茶叶的口感产生不利影响。

在过于闷热的环境中，茶叶容易受潮，变得黏糊糊的，像被放置回到"渥堆"的环境一样。这个过程会使原本的普洱生茶逐渐转变为普洱熟茶。这种转变是不可逆的，一旦茶叶发生了这种变化，就无法再恢复其原本的品质和口感。为了避免这种情况的发生，茶库需要对温度进行严格的监控和调节，确保茶叶处于一个恒温、干燥的环境中。除了避免温度过高和温差变化过大，还需要避免将茶叶暴露在过于闷热的环境中。茶叶需要被妥善包装和储存，以保持其品质和口感。只有这样，我们才能确保在品茶时，体验到其最佳的口感和香气。

（三）紧压存放

为什么普洱茶要紧压而不散存？很多茶友认为，把普洱茶饼做成紧压状是为了方便存储，或是觉得紧压更好看。其实一开始普洱茶的紧压只是为了在那一段时期中，解决交通不便引起的运输损失问题。

历史上，普洱茶多以饼状压制的方式储藏以及运输，一饼 357 克，七饼为一挑，方便计算以及骡马驮运。云南的茶叶在古代大多通过茶马古道将之运送到西藏等地，长途跋涉，为了运送方便同时能多运送茶叶，就有了砖、饼、坨等形状。

普通紧压茶分为饼茶、沱茶、方茶、砖茶等几种。当前很多人都感觉饼茶比较好，这也是个误区。依照以前的说法，一级、二级作散茶，三级、四级作沱茶，七级、八级作饼茶，九级、十级作砖茶。目前的普洱茶，其外形与其质量早就无关了，砖、饼、坨、散茶等都有原料好坏之分。用茶饼的方式加工出来的茶在香味口感营养方面会更好一些。

还有一个原因就是散茶占地方，容易使普洱茶的原有香气散发掉，紧压茶可以使香气保持的时间长一些。就普洱茶追求"越陈越香"的特点来看，收藏普洱散茶较有利于品质的陈化，能在较短的时间内达成较为理想的效果。普洱茶在后期的存放中，茶叶会自动氧化，如多酚类物质的酶促氧化、微生物作用的转化因素，主要有水分、温度、氧气和光线。

（1）普洱茶紧压成饼后，其内外水分吸收与蒸发受到一定的影响。由于茶叶经过紧压处理，水分不易渗透到内部，从而减缓了茶叶的吸湿与干燥过程。这样的处理方式有利于微生物在茶叶中的贮藏和繁殖。而在普洱茶的陈化过程中，微生物起着至关重要的作用。它们在适宜的湿度和温度条件下，分解茶叶中的物质，促进茶叶的陈化和品质的提升。由于紧压茶的内部环境相对稳定，水分吸收与蒸发速度较慢，从而为微生物提供了适宜的生存环境。

（2）普洱茶经过紧压成饼后，其内部的茶叶受到一定的压力，变得紧密而结实。这种情况下，空气中的温度对紧压茶的内部影响相对较小。由于紧压茶的形态限制了空气的流通和温度的传递，使得茶叶内部的温度和湿度相对稳定，这种稳定的内部环境有利于茶叶中的微生物存活。在普洱茶的陈化过程中，微生物起着重要的作用。这些微生物在适宜的温度和湿度条件下，能够分解茶叶中的物质，促进茶叶的陈化和品质的提升。

（3）氧气和光线与普洱紧压茶的接触面积相对缩小了很多，这意味着在紧压茶的加工和储存过程中，茶叶与氧气和光线的接触程度较低。由于紧压茶的形态较为紧密，氧气和光线难以渗透到茶叶内部，从而减缓了茶叶的氧化过程。多酚类、酮类与叶绿素的氧化是茶叶陈化的重要过程，这些物质在茶叶中扮演着重要的角色。如果这些物质的氧化过程缓慢，那么茶叶的陈化速度也会相应减缓。因此，紧压茶的形态使得多酚类、酮类与叶绿素的氧化过程缓慢进行，从而更好地贮藏了茶叶的品质。此外，紧压茶的形态还有利于茶叶内部的温度和湿度的保持。由于茶叶紧压在一起，内部的水分和温度不易流失，从而保持了茶叶内部的适宜环境。在这样的环境下，茶叶能够更加均匀地陈化，使得茶叶整体的食用价值和营养价值都能得到更好的贮藏。

（4）普洱茶后期的转化，基础还得靠茶叶本身的品质，在茶叶原料本身品质有保障的前提下，再辅以优良的工艺，紧压成饼，才能转化出优质的普洱陈茶。如果考虑到喝普洱茶是"品味历史"的精神享受、普洱茶以茶品年代久远为珍贵、普洱紧压茶有别于其他茶叶形制带来的鉴赏愉悦以及收藏爱好者储藏空间的局限等，有专家认为，家庭收藏普洱茶，应以收藏压制以后的普洱紧压茶为好。收藏普洱茶的目的在于获得良好品质、实现价值增值。同一时间生产的普洱茶，不论生茶或熟茶，经高温蒸压、烘焙过的紧压茶，除比散茶卫生外，其滋味也远比散茶来得醇厚、甘爽，一些低沸点青涩味物质，也随高温蒸、烘、焙而挥发减少，这使紧压茶收藏时品质的初始基础优于散茶。

（5）紧压茶是一种经过特殊工艺加工的茶叶，通常是将散茶或毛茶蒸压成紧实的茶饼或砖块形状。这种加工方式使得紧压茶相较于散茶更加紧实，减少了茶叶之间的空隙，因此其透气性能不如散茶。尽管透气性能有所降低，但紧压茶的独特形态使得它可以在较小的空间内大量储存，从而降低了藏茶的成本。由于紧压茶的体积较小，可以将多个茶叶紧压在一起，形成一种紧凑的存放方式，从而节省了储存空间。此外，由于茶体内部的温度和湿度比较稳定，紧压茶可以更加均匀地陈化，使得茶叶的品质更加持久；由于紧压茶的加工方式使其具有较好的耐储藏性，因此可以长期贮藏，不易变质。

（6）紧压茶因有一定的形制，具有一定的可观赏性，品饮时，比有"草茶"之称的散茶多了把玩、鉴赏的快乐。何况普洱紧压茶多为"方""圆"两种形制（沱茶亦圆、茶柱亦圆），这巧妙地体现了中国传统文化"天圆地方"的哲学思想："圆"的饼茶是宇宙孕育世界的"天"的象形，"方"的砖茶是承载万物的"地"的象形。爱茶人在这"天"与"地"的交融、庇佑下，悠悠然不亦乐乎。

（四）注意包装

在普洱茶的贮藏过程中，包装的选用和使用也是非常重要的。合适的包装可以帮助普洱茶在贮藏过程中发生良好的化学变化，同时也能保持茶叶的品质和口感。为了使普洱茶在贮藏过程中自然发酵，透气性能好的包装材料是必不可少的。这种包装材料能够使茶叶在贮藏过程中保持良好的透气性，避免茶叶受潮或者产生异味。同时，使用通风手法进行包装，可以确保茶叶在贮藏过程中不会受到挤压或者碰撞，从而保持茶叶的完整性和口感。

明朝许次纾在其《茶疏》中曾经提道："茶须筑实。仍用厚箬填紧。瓮口再加以箬。以真皮纸包之。"这种传统的包装方式，采用质料坚韧、透气性能好的真皮纸，有助于普洱茶在后发酵时，过滤杂味以确保清纯。这种传统的包装方式不仅可以保护茶叶的品质，而且可以使茶叶在贮藏过程中自然发酵，不断提高茶叶的品质和口感。

与此相反，如果使用较低劣品质的塑料纸对已打开的老茶进行重新包装，时间久了就会发出异味，直接破坏普洱茶的品味。因此，对于普洱茶的包装材料的选择和使用，我们必须给予足够的重视，以确保茶叶的品质和口感不受损害。

（五）注意普洱茶的寿命

普洱茶的贮藏寿命，到底是 50 年、100 年抑或是数百年，没有定论资料，一般普洱茶陈放三年以上，顺滑、醇厚的口感就很不错了。具体的陈化年份，大多是商家标注，往往仅靠品茗者的直觉来判断其陈化的程度。但可以确定一点，普洱茶的陈化不是无限期的，在一定期限内的确会越陈越香，如超过时限，内含化学成分过度氧化，茶的品质就会走下坡路。

在普洱茶的贮藏中值得注意的是，当它的品质特征已经达到最高点时，必须像其他茶类一样加以密封贮藏。如果继续把已陈化好的普洱茶存放在原有温、湿度的有氧的条件下，就会造成茶性逐渐消失，品味渐次衰退。普洱茶陈化成熟后应将其转移到较干燥的仓库或地方继续存放。如存放达四十年后的普洱茶，必须加以密封贮存，以免继续快速后发酵，造成茶性逐渐消失，品味衰退败坏。如故宫的金瓜贡茶，陈期已一两百年，其品味是"汤有色，但茶味陈化、淡薄"。

普洱生茶因保持了原始茶叶的特点，在自然条件下发酵缓慢，故贮藏时间较长，口感变化空间大，有丰富的变化能力。最常见的普洱生茶外观色泽多呈墨绿色（特殊品种除外，如白茶、紫芽等），比如白毫，存放若干年后，经过长时间的氧化作用，茶叶外观呈红褐色，白毫也转成黄褐色。

（六）其他注意事项

除了上述提到的五点核心注意事项外，储藏普洱茶还有一些其他的细节同样至关重要。

首先，我们应该注意茶叶的装载方式。在贮藏过程中，不应将普洱茶装入密封的罐子中，这是因为罐子会阻止空气流通，从而影响茶叶自然陈化的过程。同时，如果茶叶被烘烤或冷冻，也会对其口感和品质产生不良影响。因此，为了确保茶叶能够保持最佳的品质和口感，我们应该避免使用这种密封容器进行储藏。

其次，新老茶品和生茶熟茶可以混合堆放。这种混合堆放的方式有助于茶叶更好地陈化，并提高其品质和口感。老茶在陈化过程中释放出的有益物质可以促进新茶的陈化，而不同种类的茶叶之间也可以相互促进其陈化过程。这种自然的催化作用可以使茶叶在贮藏过程中达到更好的陈化效果。

再次，定期翻动茶叶也是非常必要的。通过定期翻动，可以确保茶叶在贮藏过程中均匀地陈化，避免产生异味或受潮。翻动茶叶时，可以将其充分搅拌均匀，以确保每片茶叶都能得到充分的陈化。这样可以保持茶叶的品质和口感，使其更加香醇可口。

最后，在贮藏普洱茶的过程中，我们还需要注意一些细节。比如避免将茶叶暴露在阳光下直射，以免破坏茶叶的天然成分和口感。同时，也要避免将茶叶放在潮湿的环境中，以免受潮后影响其品质和口感。此外，避免将茶叶与有强烈异味的物品存放在一起，以免茶叶吸收异味后影响其品质和口感。

总之，储藏普洱茶需要注意许多细节。只有掌握了正确的储藏方法，才能确保茶叶在贮藏过程中保持最佳的品质和口感。通过注意包装材料的选择和使用、定期翻动茶叶以及避免阳光直射、潮湿环境和异味物品的存放等细节问题，我们可以更好地贮藏普洱茶的品质、口感和营养价值。

第五章　普洱茶的冲泡技艺

泡茶是指用开水将茶的内涵物质浸出的过程。我国自古以来就很讲究茶的冲泡技术，积累了丰富的经验。泡茶的过程需要讲究茶叶、茶具、用水、环境、茶者冲泡技艺等的协调，才能扬长避短，彰显茶性。中国有六大茶类，每一类茶从用料到制作工艺都有着各自的特性。要彰显每种茶的最佳状态，那么所要采用的冲泡方法也应不相同。

普洱茶作为中国黑茶类的一种，其制作工艺和口感都充满了多样性。从晒青到熟茶，从饼茶到沱茶，每一种普洱茶都有其独特的口感和特点。同时，普洱茶还有新茶、中老期茶、存放区域不同等众多要素，这些因素都会影响普洱茶的口感和质量。因此，对于泡普洱茶的人来说，了解这些要素并且选择最适合的冲泡方法是非常重要的。例如，新茶需要用较低的水温来冲泡，以保持其鲜嫩的口感；而存放时间较久的普洱茶则需要用较高的水温来提取其丰富的味道。

第一节　品茗环境

一、品茗环境设置要求

泡茶品茶不仅是一种感官享受，更是一种精神寄托、文化交流和社交活动。在繁忙的生活中，品茶为我们提供了一个宁静、放松的空间，让我们能够暂时远离喧嚣，品味生活的美好。为了营造一个理想的品茗环境，我们需要对周围的一切进行精心的布置和选择，营造一个适合品茶的环境，增强品茶的情趣。

（一）整洁

为了营造一个整洁有序、宁静舒适的品茗环境，我们需要从多个方面进行精心的整理和布置。不仅要保持场所的整洁和有序，避免出现过多的杂物和混乱的局面，还要通过合理的家具和装饰品布置，突出品茶的氛围和格调。

1. 环境清洁

在营造品茗环境的过程中，场所的整理和清洁是至关重要的一步。一个整洁有序的环境不仅能够让我们在品茗时更加专注，还能提升我们对于美好生活的体验。为了保持场所的整洁有序，我们需要定期进行清理，包括对地面、桌面以及各个角落的清洁工作。在清理时，我们需要关注每一个细节，比如对茶具的摆放、垃圾的处理等等。一个干净整洁的环境不仅需要我们的大扫除，更需要平时的维护和保持。

除了清洁之外，还需要注意场所的整理。整理不仅仅是把东西擦干净，更是要把东西放在合适的位置。例如，我们应该把茶具放在我们伸手就能拿到的位置，这样在品茗时就能更加流畅地操作。同时，对于一些小物件，比如茶叶罐、纸巾盒等，我们也应该把它们放在合适的位置，让整个场所看起来更加和谐统一。

一个整洁有序的环境能够让我们更加专注地品茗，享受茶香之美。当我们坐在一个干净整洁的环境中，闻着淡淡的茶香，听着悠扬的音乐，内心也会变得宁静和平和。这样的环境不仅能够让我们更好地品茶，更能够感受到生活的美好。

2. 家具的选择

在营造品茗环境的过程中，家具的选择和布置是至关重要的。家具不仅是品茗环境的装饰，更是品茗体验的重要组成部分。因此，我们需要选择简洁大方的家具，以突出品茶的氛围和格调。

对于茶几的选择，我们应该选择简洁、实用的款式。一个好的茶几不仅要容纳茶具和茶叶，还能够让我们在品茗时感受到它的实用性和美感。在选择茶几时，应该注重其材质和质量，以确保它的稳定性和耐用性。

对于座椅的选择，我们应该注重其舒适性和人体工程学设计。一个舒适的座椅能够让我们在品茗时感受到它的舒适度和支撑力，让我们更加放松和自在。同时，人体工程学设计能够让我们在坐姿和舒适度之间找到最佳的平衡点，减少长时间品茗的疲劳感。

此外，我们还可以选择一些优雅的装饰画来增添场所的艺术气息。这些装饰画可以是与茶文化相关的艺术品，也可以是简洁大方的山水画或花鸟画等。它们不仅能够展现出品茶的品位和格调，还能够让整个场所更加高雅和舒适。除了家具的选择外，还需要注意家具的布置。家具的布置不仅要考虑到实用性，还要考虑到艺术性和美观性。例如，我们可以根据场所的大小和空间布局来合理安排家具的位置，让整个场所看起来更加宽敞和明亮。同时，我们还可以通过一些细节来增强家具的美观性和实用性，比如在茶几上摆放一些小巧精美的茶具或鲜花等。

　　总之，家具的选择和布置是营造品茗环境的重要环节。要选择简洁大方的家具，以突出品茶的氛围和格调。同时，我们还需要注意家具的布置和细节处理，让整个场所看起来更加高雅和舒适。在这样的环境中品茗，能够更好地品味茶之美，享受品茶带来的愉悦和宁静。

3. 注意卫生

　　注意卫生是保持品茗环境整洁和清新的关键。除了日常的清洁工作外，定期擦拭家具和装饰品是必不可少的。这不仅能够保持它们的清洁和光泽，还能够防止灰尘和污垢的积累。

　　在擦拭家具时，应该使用柔软的抹布或棉球，以免划伤家具表面。同时，还应该注意家具的连接处和角落，这些地方容易积聚灰尘和污垢，需要特别注意。对于一些精致的装饰品，如瓷器或玻璃制品，我们应该小心擦拭，避免损坏或破裂。

　　还应该注意地面的清洁。地面容易受到茶水、茶叶渣等物质的污染，因此需要及时清洁。在清洁地面时，应使用吸尘器或拖把，将地面上的污渍和茶叶渣清理干净。同时，还应该注意防滑，以免在品茗时滑倒或受伤。

　　注意空气的流通和清新。品茗时需要一个宁静、清新的环境，因此应该保持场所的通风良好。如果条件允许，可以开启窗户或使用空气净化器来保持空气的新鲜和清洁。

　　总之，注意卫生是保持品茗环境整洁和清新的关键。应定期擦拭家具和装饰品，保持它们的清洁和光泽。同时，还应注意地面的清洁和空气的流通，让品茗环境更加舒适和宜人。在这样的环境中品茗，才能够更好地感受茶香之美，享受品茶带来的愉悦和宁静。

（二）安静

　　安静在品茗环境中扮演着至关重要的角色。在喧闹的环境中，人们很难真正专注于品茶的过程，也无法品味到茶香之美。因此，选择一个相对安静的场所是营造品茗环境的基础。

1. 远离噪声

在寻找一个远离噪声的品茗场所时，我们可以将目光投向郊外或山区。这些地方通常远离喧嚣的马路和人群，能够为我们提供一个宁静、自然的品茶环境。在山区，我们不仅可以听到鸟鸣和溪流声，还能欣赏到优美的山景和自然风光。这些自然元素能够让我们更好地放松身心，专注于品茶的过程。在城市中，我们也可以选择在高层建筑或远离繁华商业区的安静角落品茗。这些地方可以让我们远离街道的嘈杂声音，如车辆噪声、人群喧哗等。通过选择一个相对安静的场所，我们可以降低外界噪声的干扰，更好地品味茶香之美。如果无法完全避免噪声，可以使用隔音设备来减少噪声的影响。例如，隔音板和隔音窗户可以有效地隔绝外界噪声，让我们在相对安静的环境中品茗。

2. 营造氛围

在品茗的过程中，播放一些轻柔的音乐可以有效地增强品茶的宁静氛围。音乐是一种独特的语言，能够触动我们的心灵，让我们感受到宁静和舒适。选择适合的音乐是营造品茶氛围的关键。柔和的钢琴曲或古筝曲可以为我们提供一个轻松、优雅的背景音乐。这些音乐可以让我们更好地专注于品茶的过程，并让我们的心灵得到放松和平静。在播放音乐时，我们可以选择使用一些专业的音响设备或耳机来确保音质清晰、悦耳。同时，还可以根据品茗场所的布置和环境来选择合适的音量，以确保音乐能够与周围的环境相融合。

除了音乐之外，还有许多其他方式可以营造出宁静而优雅的品茶氛围。如点燃香薰或使用香炉，能够散发出淡雅的香气，为品茗环境增添一种宁静、神秘的氛围。香薰和香炉的选择可以根据个人的喜好和品茶的主题来定。有些人喜欢使用天然的植物香薰，如薰衣草、茉莉花等，这些香薰能够散发出清新而宁静的气息。有些人则更偏爱使用香炉，其中焚烧着各种香料，如沉香、檀香等，它们能够产生独特的香气，为品茶环境增添一种神秘而宁静的氛围。在点燃香薰或使用香炉时，我们可以将其布置在品茗场所的角落或靠近窗户的地方，这样可以让香气自然地弥漫在空气中。同时，还可以将音乐与香薰或香炉相结合，让整个品茶环境更加和谐、宁静。这些元素可以与音乐相结合，能够让我们更好地沉浸在品茶的乐趣中。

3. 注重细节

在营造一个安静的品茗环境时，注重细节是至关重要的。细节决定着整个品茗环境的品质和舒适度，因此我们应该关注每一个细节，确保它们不会干扰到品茶的氛围。

在品茗过程中，一些电器或设备可能会发出嘈杂的声音，如电视、风扇等。我们可以选择使用一些低噪音的电器，或者在需要使用时将它们调整到最低音量。此外，也可以尽量避免使用这些电器，以保持品茗环境的安静和舒适。在品茗时，访客的数量应该适量，并且应尽量避免让访客之间的谈话过于嘈杂。如果需要交谈，可以将谈话音量降低，以避免干扰到其他人的品茗体验。在品茗场所的布置上，可以选择一些柔和的颜色和舒适的座椅，以营造出一个宁静而舒适的氛围。同时，还可以在品茗场所中摆放一些书籍、艺术品等装饰元素，以增添品茗环境的文化气息和艺术感。

总之，在营造一个安静的品茗环境时，注重细节是至关重要的。我们应该关注每一个细节，确保它们不会干扰到品茗的氛围。通过注重细节，我们可以让整个品茗环境更加舒适、宁静，让我们更好地感受茶香之美，享受品茶带来的愉悦和宁静。

（三）高雅

高雅是品茗环境中不可或缺的一部分。它不仅代表着品茶的品位和格调，更能够让整个品茗环境更加优雅和舒适。

高雅并非指场所的豪华和奢侈，而是指氛围的优雅和舒适。为了突出品茶的品位和格调，我们可以选择一些简洁大方的家具和装饰品来装饰场所。例如，可以选择一些质地优良、线条简洁的家具，如木质或竹质的茶几、座椅等。同时，我们还可以在场所中摆放一些绿植或鲜花来增添生机和活力。这些绿植或鲜花可以起到净化空气、美化环境的作用，让品茗环境更加自然、清新。

在装饰品的选择上，我们可以考虑一些简洁大方的艺术品或文化元素，以增添品茗环境的文化气息和艺术感。例如，可以选择一些山水画、书法作品等来装饰墙面或茶几，或者在场所中摆放一些文化雕塑或摆件来展示品茶文化的魅力。

除了家具和装饰品的选择，还可以通过细节的布置来营造高雅的品茗环境。例如，在场所中放置一些柔软的抱枕或毛毯，可以营造出一个温馨、舒适的品茶氛围。还可以在场所中播放一些轻柔的音乐来增强品茶的宁静氛围。这些细节都能够让品茗环境更加优雅和舒适。

在理想的品茗环境中，我们可以更好地专注于品茶的过程，用心去体味茶的香气、口感和韵味。在品味茶之美的过程中，还可以与朋友分享彼此的生活经历和感悟，增进彼此之间的感情，如图 5-1 所示。

图 5-1　品茗环境

同时，品茶也让我们有机会思考生活的意义和价值，感受生命的宁静和美好。通过精心的布置和选择，我们可以营造出一个整洁、安静、高雅的氛围，让自己更好地沉浸在品茶的过程中，享受茶的美好与宁静。

二、品茗人文环境要求

品茶不仅是一种感官体验，更是一种文化与精神的体现。因此，品茶的环境对于展现这种文化与精神至关重要。除了硬件设施的要求外，人文环境也需要与品茶这一活动相得益彰。

（一）着装素雅

在品茶的过程中，茶者的着装不仅代表着个人的形象和气质，更是品茶环境的重要组成部分。着装的选择和搭配不仅需要与品茶的氛围相协调，还需要考虑到茶文化的特点和品茶时的具体需求。

茶者的着装应当素雅简洁，以体现品茶的纯净与高雅。过重的香水、过多的装饰品或过于花哨的服装都可能破坏品茶的氛围，干扰品茶的过程。例如，香水浓郁的味道可能会盖过茶香的味道，影响品茶的口感；过多的装饰品可能会让品茶者的注意力分散，无法专注于品茶的过程；过于花哨的服装可能会让品茶者感到喧宾夺主，使人们的关注点集中在服装上，而不是品茶本身。

简洁大方的服装和适当的配饰能够凸显出茶者的气质，同时避免喧宾夺主。例如，可以选择质地优良、线条简洁的服装，如棉质、丝绸质地的衬衫或裙子等。这些服装的质地和款式都能够展现出品茶的高雅和纯净。在配饰方面，可以选择一些简单的、能够增添品茶氛围的配饰，如精致的耳环、项链等。这些配饰可以起到点缀的作用，让茶者的着装更加得体、优雅。

茶者的着装还需要考虑到舒适度和实用性。品茶时需要保持坐姿，因此服装应当合身，避免过于紧身或过于宽松。同时，着装也需要考虑到品茶时的具体需求，如需要俯身闻香、需要多次加水等，因此可以选择便于活动的服装款式。

总之，茶者的着装是品茶环境的重要组成部分，它能够影响到品茶的氛围和质量。通过选择简洁大方的服装和适当的配饰，以及注重舒适度和实用性，茶者可以营造出一个纯净、高雅的品茶环境。在这样的环境中品茗，我们能够更好地感受茶香之美，享受品茶带来的愉悦和宁静。

（二）举止得体

在品茶的过程中，举止得体不仅是一种基本的礼仪，更是一种内在的美感。它不仅体现了我们对品茶的尊重和对茶文化的理解，更展现出我们个人的修养和品位。坐姿、站姿、行姿等都是品茶过程中必不可少的举止。这些举止不仅是一种形式，更是一种内在的感受。

坐姿时，应该保持身体的挺直，不要佝偻着背，也不要过于僵直。应该让自己放松，并保持一种优雅从容的坐姿。这种坐姿不仅让我们感到舒适，也让我们的身心更加放松，更好地感受茶香、茶味和茶韵。

站姿是品茶过程中常用的姿势。站姿时，应该保持身体的挺拔，不要过于松垮或过于紧张。要让自己保持一种自然的状态，同时也要保持一种优雅和从容。这种站姿不仅让我们感到自信，也让我们的身心更加放松，更好地感受茶香、茶味和茶韵。

行姿是品茶过程中移动的姿势。行姿时，应该保持身体的平衡，不要摇晃或过于急促。要让自己保持一种轻盈的状态，同时也要保持一种优雅和从容。这种行姿不仅让我们感到舒适，也让我们的身心更加放松，更好地感受茶香、茶味和茶韵。

在品茶的过程中，举止得体是一种内在的美感。它不仅是我们对品茶的尊重和对茶文化的理解，更是我们个人修养和品位的体现。通过保持优雅、从容的举止，我们可以更好地感受茶香、茶味和茶韵，享受品茶带来的愉悦和宁静。同时，我们也可以通过自己的举止传递出对品茶的热爱和对茶文化的尊重，让更多的人感受到品茶的魅力。

（三）用语雅致

首先，在品茶的过程中，用语雅致是营造优雅氛围、体现品茶文化内涵的重要方面。在品茶的环境中，文雅、礼貌的语言是营造良好氛围的关键。使用柔和、平缓的语言能够让人感到舒适和放松，避免使用粗俗、不雅的语句，以维护茶室的雅致和宁静。同时，还要注意讲话的音量和语调，保持声音的适中，避免大声喧哗或过于激动，以免破坏整个品茶环境的和谐氛围。文雅、礼貌的语言也能够展示出对茶文化的尊重和热爱。当我们使用文雅、礼貌的语言时，不仅体现了我们自身的修养和品位，同时也传递出我们对品茶的热爱和对茶文化的尊重。

其次，措辞得体也是用语雅致的重要方面。在品茶时，我们要注意措辞的选择，尊重他人的感受和意见。避免使用过于直接、冒犯的语言，而是采用委婉、礼貌的表达方式，展现出一种高雅的精神风貌。措辞得体可以体现出对他人的尊重和关心。在品茶过程中，我们要关注他人的感受和需求，避免使用一些不当的措辞，以免给人造成不适或误解。采用礼貌、委婉的表达方式，可以更好地与他人沟通，建立良好的关系，让整个品茶过程更加愉快、和谐。同时，措辞得体还可以展现出个人的修养和品位。在品茶时，我们的措辞得体、优雅，不仅可以提升品茶的品质感，也能够传递出我们个人的修养和品位。通过措辞得体的表达方式，我们可以展现出一种高雅的精神风貌，让整个品茶过程更加文明、有礼。

最后，在品茶过程中，语言的内涵和修养是体现品茶文化深度和广度的重要方面。使用有深度、有内涵的语言，可以更准确地表达对茶文化的理解和感受，让人们更好地领略茶文化的魅力。可以表达对茶文化历史、传统、技艺以及品鉴技巧的理解和掌握，让人们感受到品茶的深厚底蕴和独特魅力，展现出个人的文化素养和审美水平，让人们感受到品茶所代表的高雅的精神风貌。

用语雅致是品茶过程中的重要要求。通过使用文雅、礼貌的语言，措辞得体、尊重他人，我们可以营造出一个安静、和谐的品茶环境，展现出一种高雅的精神风貌。同时，也可以通过语言的内涵和修养，丰富整个品茶过程，让人们更好地感受茶文化的魅力。

品茶的人文环境应当与品茶这一活动相得益彰。无论着装打扮，还是举止言谈，每一个细节都应当尽量体现出茶文化的精神内涵以及品茶的高雅情趣。只有在这样的环境下，才能真正体验到品茶的乐趣，感受茶文化的魅力。

第二节　普洱茶冲泡器具

一、茶具介绍

（一）茶壶

茶壶是用来泡茶的主器具（如图 5-2 所示），以陶土、瓷质、玻璃、金属材质为主。陶土茶壶是一种历史悠久的茶壶，它由陶土制成，具有独特的质感和良好的保温性能。瓷质茶壶则以其细腻的质地和光泽感而受到人们的喜爱。玻璃茶壶则可以清晰地看到茶汤的颜色和茶叶的状态，方便观察和控制泡茶的过程。金属材质的茶壶具有较好的导热性和耐久性，适合用来泡制各种茶叶。

茶壶的形状和样式也是多种多样的。常见的形状包括圆形、方形、六角形等。茶壶的开口大小和壶嘴的形状也会影响泡茶的效果和质量。此外，茶壶的材质和工艺也会影响其价格和质量。

在选择茶壶时，需要根据自己的需求和喜好来选择。如果喜欢欣赏茶叶的颜色和状态，可以选择玻璃茶壶；如果喜欢感受茶叶的香气和味道，可以选择瓷质或陶土茶壶；如果需要一种耐用的茶壶，可以选择金属材质的茶壶。

茶壶是一种重要的泡茶器具，它的材质、样式、形状都会影响泡茶的效果和质量。选择适合自己的茶壶可以让人们更好地享受泡茶的乐趣和品味茶叶的美味。

（二）盖碗

盖碗，又称"三才杯"，是中国传统茶道中重要的泡茶器具之一（如图 5-3 所示）。它的设计寓意深长，盖为天、托为地、碗为人，暗含着天地人和的寓意。这种器具在设计上不仅考虑到了使用的功能，还融入了深厚的文化内涵，体现了中国传统文化的独特魅力。

图 5-2　茶壶

图 5-3　盖碗

盖碗的盖子通常较高，是为了防止茶叶在浸泡过程中被水冲走。盖碗的材质多为瓷质或玻璃，可以很好地展示茶叶的色泽和状态。碗身则相对较矮，方便拿取和饮用。托盘的设计是为了防止烫手，同时也有助于稳定盖碗，使其不易滑落。

在传统的茶道中，盖碗主要是用来品花茶和八宝茶的器具。品花茶时，人们可以通过盖碗的盖子观察到茶叶在水中舒展的状态，感受茶叶的生机与活力。而八宝茶则因含有多种食材，需要使用较大的盖碗，以充分展现出各种食材的味道和功效。

然而，随着时间的推移，盖碗逐渐演变为泡茶的主要器具。除了传统的花茶和八宝茶，人们开始使用盖碗来泡制各种茶叶，如绿茶、乌龙茶、普洱茶等。盖碗泡茶的方式可以让茶叶在水中更好地释放出内含物质，从而使得泡出的茶水口感更加丰富，滋味更加悠长。

在泡茶过程中，使用盖碗可以很好地掌握茶叶的用量和泡制时间。通过调整水温、时间和泡制次数，人们可以泡制出符合自己口感的茶水。同时，盖碗的使用也更加方便和灵活，可以根据个人喜好选择不同的材质和样式。

总之，盖碗作为中国传统文化中重要的泡茶器具，不仅具有实用的功能，还蕴含着丰富的文化内涵。它通过天地人和的寓意，表达了人与自然和谐相处的思想，也体现了中国茶文化的独特魅力。如今，盖碗已经成为泡茶的主要器具之一，被广泛应用于各种茶叶的泡制过程中。

（三）公道杯

公道杯（如图 5-4 所示），是一种用于均匀茶汤和分茶的用具。它的设计独特，具有多种功能，是品茶过程中不可或缺的一部分。

公道杯的主要功能是均匀茶汤。在泡茶过程中，由于茶叶的种类、水温、泡制时间等因素的影响，茶汤的浓度和颜色可能会发生变化。使用公道杯可以有效地混合茶汤，使其浓度和颜色更加均匀，从而让每个人品尝到相同口感的茶汤。此外，公道杯还是一种分茶的用具。在品茶时，通常会将茶汤倒入公道杯中，然后由主人或服务员分给每个客人。这样可以确保每个客人都能品尝到相同的茶汤，避免了因为分配不均而引起的口感差异。同时，公道杯的设计也具有保温功能，可以长时间保持茶汤的温度，让客人慢慢地品尝。

公道杯的材质通常为瓷质或玻璃，因为这些材质可以很好地展示茶汤的颜色和状态。公道杯的形状和样式多种多样，有圆形、方形、六角形等，每种形状都有其独特的特点和用途。此外，公道杯的容量也因应不同的场合和需求而有所不同，有大有小，以满足不同的需求。

公道杯是品茶过程中不可或缺的用具之一。它具有多种功能，可以均匀茶汤、分茶、保温等。通过使用公道杯，可以让每个人品尝到相同口感的茶汤，同时也展示了主人的热情和细心。

（四）滤网

滤网，一种在品茶过程中用于过滤茶渣的实用工具，它的存在让茶汤更加纯净，让人们可以更好地品味每一口茶的细腻滋味。如图 5-5 所示，我们可以看到滤网通常由漏斗形的容器和过滤网组成，有些滤网还配有手柄，方便握持。

滤网的主要作用是过滤茶渣，将泡好的茶叶与茶汤分离。在泡茶过程中，茶叶往往会释放出一些细小的叶片和茶梗，这些杂质会影响茶汤的口感和观感。而滤网的出现，恰到好处地解决了这一问题。当茶汤倒入滤网的漏斗形容器时，茶叶会被拦截在滤网上，而茶汤则通过过滤网流入下方的杯子或茶壶中，实现了茶汤与茶渣的完美分离。

滤网的种类和样式多种多样，有金属、塑料、玻璃等不同材质的滤网，以满足不同人的需求。金属滤网通常具有较好的耐热性和耐用性，适合用来过滤高温的茶汤；塑料滤网比较轻便，容易清洗，适合用来过滤冷饮或

者非高温的茶汤；玻璃滤网具有较高的透明度，可以让人们更加清晰地看

图 5-4　公道杯

图 5-5　滤网

到过滤后的茶汤颜色和状态。

除了材质上的差异，滤网的设计也不同。有些滤网的设计比较简单，只包括一个漏斗形的容器和一个过滤网；而有些滤网则更加复杂，具有更好的过滤效果和更高的过滤效率。例如，有些滤网采用了双层设计，内层使用较密的过滤网来拦截茶叶，外层使用较疏的过滤网来保护茶汤的口感和品质。

总之，滤网是一种方便实用的用具，可以帮助人们更好地享受茶汤的口感和品质。通过使用滤网，可以将茶叶与茶汤分离，让人们更加清晰地看到茶汤的颜色和状态，同时也更加卫生和健康。在选择时可以根据自己的需求和喜好来选择不同材质和样式的滤网，以便更好地享受品茶的乐趣。

（五）品茗杯

品茗杯是一种专门用于品茗的小杯，通常由瓷质或玻璃制成（如图5-6所示）。它的容量通常比茶杯要小，适合品尝浓度较高的茶汤，如普洱茶等。

品茗杯的设计通常具有几个特点。首先，它的容量适中，可以让品茗者品尝到茶汤的滋味，而不会因为容量过大而让茶汤变得淡而无味。其次，品茗杯的材质通常比较细腻，可以更好地展示茶汤的色泽和状态，让品茗者能够更好地观察和欣赏茶汤的美感。此外，品茗杯的设计通常还具有保

温性能，可以长时间保持茶汤的温度，让品茗者慢慢地品尝。

在普洱茶的品饮中，品茗杯的使用非常重要。普洱茶是一种经过后发酵的茶叶，具有独特的口感和香气，需要仔细品味。使用品茗杯可以更好地品尝普洱茶的细腻滋味和层次感，同时还可以观察普洱茶的汤色和沉淀物。在品尝普洱茶时，品茗者可以通过观察茶汤的颜色、亮度、滋味、口感等来评判普洱茶的品质和特点。

品茗杯是一种专门用于品茗的小杯，它的设计具有多个特点，可以更好地品尝浓度较高的茶汤，如普洱茶等。通过使用品茗杯，可以让品茗者更好地欣赏和品味茶汤的美感和细腻滋味。

（六）杯托

杯托是一种承载品茗杯的器具，通常由瓷质或竹木制成。它的主要作用是保护品茗杯，避免品茗杯直接接触桌面，同时也可以让品茗杯更加稳定，避免在品茗过程中滑落或移动。

在普洱茶的品饮中，杯托的使用非常重要。普洱茶是一种需要慢慢品味和欣赏的茶叶，通过使用杯托可以更加方便地品尝和观察普洱茶的汤色、滋味和沉淀物。同时，杯托还可以避免品茗杯直接接触桌面，保持品茗杯的清洁和卫生。

杯托的设计通常与品茗杯相匹配，可以根据不同的品茗杯形状和大小进行定制。一些杯托还具有防滑功能，可以更加稳定地承载品茗杯，避免在品茗过程中滑落或移动。此外，一些杯托还具有保温性能，可以长时间保持茶汤的温度，让品茗者可以慢慢地品尝。

总之，杯托是一种承载品茗杯的器具，它的使用可以让品茗过程更加稳定和方便。在普洱茶的品饮中，使用杯托可以更好地保护品茗杯的清洁和卫生，同时也可以更加方便地品尝和观察普洱茶的汤色、滋味和沉淀物。

（七）茶巾

茶巾是一种用于擦干壶底、杯底、茶台等剩余水分的实用工具（如图5-7所示）。在普洱茶的品饮中，茶巾的使用不仅可以保持品茗场所的清洁和卫生，还可以帮助品茗者更好地观察和欣赏普洱茶的汤色和沉淀物。

茶巾可以有效地擦干壶底和杯底的水分，确保品茗场所的干燥和整洁。普洱茶的冲泡需要非常讲究，每一泡的浸泡时间、水温等都会影响到茶汤的口感和品质。如果壶底或杯底残留有水分，这些水分可能会与下一次冲泡的茶汤混合，导致口感的变化，甚至可能会影响到普洱茶原有的香气和味道。因此，使用茶巾可以有效地避免这种情况的发生，确保每泡都能够呈现出最佳的口感和品质。

图 5-6　品茗杯和杯托

图 5-7　茶巾

　　此外，茶巾还可以用于清洁品茗者的手和桌面。在品茗过程中，品茗者的手可能会接触到茶汤或者茶叶，使用茶巾可以方便地清洁手部，保持清洁卫生。同时，使用茶巾还可以帮助整理桌面，让品茗过程更加整洁有序。

（八）茶道六君子

　　茶道六君子是指茶则、茶匙、茶针、茶漏、茶夹、茶桶，如图 5-8 所示。它们是茶道中不可或缺的六种工具，共同构成了茶道的组合。在普洱茶的品饮中，茶道组合的使用可以更好地展现普洱茶的特色和品质。

　　茶则是一种用于取茶的工具，通常由竹子或不锈钢制成。在泡制普洱茶时，茶则可以帮助品茗者准确地取出适量的茶叶，避免茶叶在泡制过程中过度释放出内含物质，影响茶汤的口感和品质。同时，茶则还可以让品茗者更加欣赏普洱茶的形态和色泽，增强品茗的乐趣。

　　茶匙是一种用于将茶叶从茶则中拨入茶杯或茶壶中的工具，通常由竹子或塑料制成。在泡制普洱茶时，使用茶匙可以将茶叶轻轻地拨入茶杯或茶壶中，避免茶叶在拨动过程中破碎或沉淀，影响茶汤的口感和品质。同时，茶匙还可以让品茗者更加细致地欣赏普洱茶叶的形状和质地。

　　茶针是一种用于疏通普洱茶饼或砖的工具，通常由金属或竹子制成。在品饮普洱茶时，如果茶叶受潮或者堵塞在茶饼或砖中，使用茶针可以将其疏通，让茶叶更好地释放出内含物质，提高茶汤的口感和品质。同时，茶针还可以让品茗者更加了解普洱茶叶的来源和加工过程。

茶漏是一种用于过滤茶叶和杂质的工具，通常由竹子或塑料制成。在泡制普洱茶时，使用茶漏可以将茶叶和杂质过滤掉，避免其进入茶杯或茶壶中，影响茶汤的口感和品质。同时，茶漏还可以让品茗者更加清晰地观察到普洱茶叶的真实色泽和清澈度。

茶夹是一种用于夹取茶杯或闻香杯的工具，通常由竹子或不锈钢制成。在品饮普洱茶时，使用茶夹可以方便地将茶杯或闻香杯夹起，避免手部直接接触杯体造成污染或者破坏品茗的氛围。同时，茶夹还可以让品茗者更加优雅地进行品茗仪式。

茶桶是一种用于收纳茶道组合的工具，通常由竹子或塑料制成。在品茗普洱茶时，将各种茶道组合收纳在茶桶中可以保持品茗场所的整洁和卫生，同时还可以方便管理和使用各种工具。

在普洱茶的品饮中，茶道组合的使用可以更好地展现普洱茶的特色和品质。通过使用茶道六君子中的各种工具，品茗者可以更加细致地了解普洱茶叶的来源、加工过程以及品茗礼仪等方面的知识，同时还可以更加优雅地进行品茗仪式。

（九）茶荷

茶荷是一种用于盛放干茶、供人欣赏的器具，也是普洱茶品饮中不可或缺的一个器具，如图 5-9 所示。

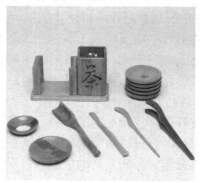

图 5-8　茶道六君子

图 5-9　茶荷

茶荷的出现可以增加品茗的仪式感和美观度。在泡制普洱茶之前，将茶叶放入茶荷中，可以让人们更好地欣赏茶叶的外形、色泽和香气，感受茶叶的质感和韵味。同时，摆放茶荷的过程也是一种美的享受，可以让人更加专注和享受品茗的过程。

茶荷还可以方便控制茶叶的投放量。在泡制普洱茶时，可以根据个人口味和喜好，将适量的茶叶放入茶荷中，然后再将茶叶倒入茶杯或茶壶中。这样不仅可以保证茶叶投放的准确性，还可以避免茶叶在投放过程中产生的碎屑或杂质，影响茶汤的口感和品质。

此外，茶荷还可以起到一定的保护作用。将茶叶放入茶荷中，可以避免茶叶直接与手接触或者受到外界污染，从而保持茶叶的清洁和卫生。同时，茶荷还可以防止茶叶在存放过程中受到外界异味的影响，保持茶叶原有的香气和品质。

茶荷的使用还可以帮助人们更好地了解和欣赏普洱茶的多样性。普洱茶产自云南地区，具有丰富的产区和品种，每种茶叶都有自己独特的外观、香气和口感。通过使用茶荷，人们可以将不同种类的普洱茶叶进行比较和鉴别，更好地了解和欣赏普洱茶的多样性。

（十）烧水具

烧水具是普洱茶品饮中非常重要的工具之一（如图 5-10 所示）。因为泡制普洱茶需要使用高温的水，因此烧水具的选用就变得尤为关键。

烧水具的材质和类型会直接影响水温和泡制效果。一般来说，普洱茶需要使用接近 100℃ 的热水进行冲泡，因此烧水具必须能够承受高温，同时还要保证水能够充分沸腾。随手泡或铁壶、铜壶、陶壶等都是比较常见的烧水具，每种材质的烧水具都有自己的优缺点。例如，铁壶能够快速加热，但是长时间使用容易生锈；铜壶虽然具有很好的保温性能，但是价格相对较高；陶壶则具有很好的保温性和耐久性，但是需要特别小心使用，以免造成破损。

烧水具的选用还要考虑到与电磁炉或酒精灯等加热设备的配合使用。一般来说，现代的随手泡已经很好地解决了这个问题，因为它可以与多种加热设备配合使用。但是，如果使用传统的烧水具，就需要考虑到与加热设备的匹配问题。例如，铁壶一般需要配合电磁炉使用，而铜壶和陶壶则更适合使用酒精灯等传统的加热方式。

烧水具的使用还需要注意安全问题。特别是在使用酒精灯等加热设备时，要注意火源的使用和安全控制。同时，在烧水过程中也要避免烫伤等危险情况的发生。

正确地选用和使用烧水具可以保证泡制普洱茶的效果和质量，同时还要注意安全问题，确保品茗过程的安全和舒适。现今常用的有随手泡或铁壶、铜壶、陶壶等，配合电磁炉、酒精灯等使用。

（十一）解茶盘

解茶盘是普洱茶品饮中非常实用的工具之一，它的主要作用是放置撬开的茶叶，保护桌面不受茶针的损伤，同时也可以让茶叶集中在一起，方便清理和整理，如图 5-11 所示。

图 5-10　烧水具

图 5-11　解茶盘

解茶盘的使用可以避免撬开的茶叶散落四处，让桌面更加整洁和干净。在撬开普洱茶的过程中，茶叶很容易散落，如果没有解茶盘，就需要不断地清理桌面，这不仅增加了品茗的麻烦，还会影响到品茗的氛围和心情。而使用解茶盘就可以很好地解决这个问题，撬好的茶叶可以集中放置在解茶盘中，不会散落四处。解茶盘还可以保护桌面不受茶针的损伤。在撬普洱茶的过程中，茶针经常会被使用到，如果没有解茶盘，茶针很容易划伤桌面或者直接插入桌面中，这不仅会损坏桌面，还会影响到品茗的品质和氛围。而使用解茶盘就可以很好地解决这个问题，茶针可以插入解茶盘中，不会损伤桌面，也不会影响到品茗的品质和氛围。

（十二）茶刀（茶针）

茶刀（茶针）是普洱茶品饮中非常重要的工具之一，主要用于撬取紧压茶，如图 5-12 所示。普洱茶经过紧压成型后，茶叶被压缩在一起，形成具有一定形状和大小的紧压茶。在泡制普洱茶之前，需要将紧压茶撬开，以便茶叶能够更好地释放出内含物质，提高泡制效果。

图 5-12　茶刀

通常，茶刀（茶针）的刀刃要锋利，要能够轻松地切入紧压茶中，同时刀背要厚实，具有一定的重量和力度，这样能够更加轻松地撬开紧压茶。材质方面，通常采用不锈钢等坚固耐用的材质制成，以确保使用的安全性和稳定性。在使用茶刀（茶针）时，需要注意以下几点。首先是要选择合适的角度和位置，避免将茶叶撬碎或者撬出太多的碎屑。通常，要先将茶叶放置在平稳的桌面上，然后将茶刀（茶针）从茶叶的一侧插入，再利用杠杆原理将茶叶撬开。在撬取茶叶的过程中，要保持茶叶的完整性，避免将茶叶撬得过于碎裂。

使用茶刀（茶针）时需要注意安全。在撬取紧压茶时，要避免手部受伤或者茶叶碎片飞溅。通常，可以佩戴手套或者使用毛巾等物品来保护手部。同时，要将撬取下来的茶叶放置在解茶盘中，避免茶叶碎片散落四处。

除了撬取茶叶外，茶刀（茶针）还有其他用途。比如在制作普洱茶饼时，可以用茶刀（茶针）将茶叶均匀地摊放在茶饼上；在泡制普洱茶时，可以用茶刀（茶针）轻轻搅动茶汤，让茶叶更好地释放出内含物质。

（十三）壶承

壶承是普洱茶品饮中一种非常实用的器具，通常用于放置茶壶和承接泡茶过程中产生的水滴，如图 5-13 所示。在干泡法中，壶承更是必不可少的器具之一。

壶承的作用是容纳泡茶过程中产生的水滴。在泡制普洱茶时，茶壶中的水会不断地滴落在壶承上，壶承能够将这些水滴收集在一起，避免水滴四溅，保持桌面和周围环境的整洁和卫生。同时，壶承还可以避免水滴对茶壶产生不良影响，保护茶壶的品质和外观。

壶承还可以起到一定的装饰作用。在普洱茶品饮中，壶承通常采用与茶具配套的材质和风格制成，具有一定的艺术性和观赏性。同时，壶承的形状和大小也各不相同，可以根据不同的泡茶方式和喜好进行选择，让整个品茗过程更加美观和舒适。

使用壶承还可以让泡茶过程更加方便和流畅。在干泡法中，通常需要将泡好的茶水倒入茶杯中，如果没有壶承，就需要将茶壶直接放在茶杯上方，这样会占用一定的空间，影响泡茶的流畅度。而使用壶承可以将茶壶放置在壶承上方，方便地将茶水倒入茶杯中，同时还可以避免水滴四溅，让整个品茗过程更加整洁和舒适。

在普洱茶品饮中，壶承能够容纳泡茶过程中产生的水滴，起到一定的装饰作用，让泡茶过程更加方便和流畅，让整个品茗过程更加安全、舒适和优雅。

（十四）茶洗或水洗

茶洗或水洗是普洱茶品饮中干泡时常用的器具之一，用于盛放泡茶过程中产生的废水，如图5-14所示。

图5-13　壶承

图5-14　茶洗

茶洗或水洗的作用是收集泡茶过程中产生的废水。在干泡法中，每次泡茶前都需要将茶具进行清洗，以便去除茶具上的灰尘和杂质。清洗后的废水需要被收集起来，避免废水四溅，保持桌面和周围环境的整洁和卫生。同时，茶洗或水洗还可以避免废水对茶具产生不良影响，保护茶具的品质。

茶洗或水洗还可以起到一定的装饰作用。在普洱茶品饮中，茶洗或水洗通常采用与茶具相配套的材质和风格，具有一定的艺术性和观赏性。同时，茶洗或水洗的形状和大小也各不相同，可以根据不同的泡茶方式和喜好进行选择，让整个品茗过程更加美观和舒适。

此外，使用茶洗或水洗还可以让泡茶过程更加方便和流畅。在干泡法中，每次泡完茶后都需要将废水倒掉，如果没有茶洗或水洗，就需要将茶壶直接放在垃圾桶上方，这样会占用一定的空间，影响泡茶的流畅度。而使用茶洗或水洗可以将废水倒入茶洗或水洗中，方便地将废水倒掉，同时还可以避免废水四溅，让整个品茗过程更加整洁和舒适。

二、茶具的选择

茶具的种类繁多，分类标准不一，在泡不同茶叶时，选择不同材质的器具，所呈现出的香气、滋味也有很大差别，下面主要按不同材质器具的特点来分别介绍。

（一）陶土茶具

陶器中首推宜兴紫砂茶具，紫砂茶具特指采用宜兴蜀山镇所用的紫砂泥坯烧制后所制成的茶具。紫砂壶和一般陶器不同，其里外都不施釉，采用当地的紫泥、红泥、团山泥，用手工拍打成形后焙烧而成。紫砂壶的烧制温度在 1100℃～1200℃，属高温烧成。

紫砂壶具始于宋代，至明清时期达到鼎盛，并流传至今。紫砂壶是集诗词、绘画、雕刻、手工制造为一体的陶土工艺品，造型美观，风格多样，不仅具有极高的收藏价值，还是泡茶贮茶的佳具，有"泡茶不走味，贮茶不变色，盛暑不易馊"的美名，如图 5-15 所示。

紫砂器具具有以下优点。

（1）紫砂泥质是双重气孔结构，气孔微小，并且密度很高。紫砂壶泡茶既不夺茶的香气，又不会使茶水有熟汤的味道。

（2）紫砂的透气性极佳，用紫砂罐储存普洱茶，不仅透气性好，而且避光、阴凉、不潮湿，对普洱茶的后期转化非常有利。

（3）紫砂壶能很好地吸取茶味。紫砂壶经过久用之后，其内壁会堆积茶垢，经过长年养护的紫砂壶，在空壶中注入沸水，也会闻到茶的香气。

（4）紫砂壶极冷极热性能好，不会因温度突变而胀裂。紫砂泥属砂质陶土，传热慢，不易烫手，还可在火上进行加温，且紫砂壶的保温时间较长，用来冲泡中老期茶是极佳的茶具。

（二）瓷质茶具

瓷器是中国文明的一种象征，瓷器茶具又可分为白瓷茶具、青瓷茶具、黑瓷茶具、彩瓷茶具等，如图5-16所示。

图 5-15　紫砂茶具　　　　　　　图 5-16　瓷质茶具

瓷器由于有一定的吸水率，且导热系数中等，并且泡茶时在水流的冲击下，可让茶叶和杯壁产生碰撞，能很好地激发出茶叶的芳香物质，所以用瓷器泡茶时茶的香气会比较明显且持久一些。

瓷器的导热没有紫砂那么慢，故瓷器内温度也没有紫砂高，所以用瓷质的茶具来冲泡较细嫩的茶叶，不仅不会有熟汤感，还可以很好地彰显茶叶的清香。用瓷质的品茗杯来品茶时，不仅不易烫口，还能很好地欣赏茶汤汤色之美。

（三）玻璃茶具

在中国古代，玻璃被称为"琉璃"，我国的琉璃制作技术虽起步较早，但直到唐代，随着中外文化交流的增多，西方琉璃器具的不断传入，我国才开始烧制琉璃茶具，如图5-17所示。玻璃茶具导热性能好，并且质地透明，一般在冲泡细嫩的绿茶时用得比较广泛，不仅可以很好地观赏茶叶在水中舒展的姿态，还可以直观地欣赏到茶汤。由于普洱茶属紧压茶，冲泡时要求较高的水温，所以不建议使用玻璃壶进行冲泡。但可以选用玻璃材质的滤网和品茗杯，因为玻璃材质吸水性较差，不会影响茶味。

三、茶具选用效果对比

各类茶具选用的效果见表 5-1。

表 5-1　茶具选用效果对比表

茶具 （按材质分）	导热性	吸附性 （吸水、吸味性）	茶汤香气	茶汤口感	易泡的 普洱茶类	不易泡的 普洱茶类
紫砂茶具	低	高	一般	很饱满	1. 茶菁粗壮、粗老的生茶 2. 除等级为 1~3 级的熟茶 3. 5 年以上的中老生、熟茶	茶菁等级较高，细嫩的生、熟茶
瓷质茶具	中	中	较好	较饱满	大部分普洱茶类都可选用	5 年以上的中老生、熟茶
玻璃茶具	高	低	略差	一般	茶菁等级特高，细嫩的新茶或散茶	大部分普洱茶冲泡尽量不选用玻璃壶或盖碗

第三节　解茶方法

一、紧压茶的撬茶方法

在撬取紧压茶时，需要遵循一定的方法和步骤。

（1）将要撬取的紧压茶放置于解茶盘中，这样在撬取的过程中茶叶不会散落四处，同时也可以保护桌面不被茶针划伤。

（2）打开包装纸，将茶饼底部有凹心的一面朝上，这样可以让撬取更加顺畅，避免撬碎茶叶。

（3）用包装纸遮盖住茶饼至一半的位置，避免手直接接触茶叶，这样可以保持茶叶的清洁和卫生。左手扶按住凹心后边缘，右手持茶针，左右手要保持平行，茶针不可与左手相对，更不能朝向自己。

（4）从茶饼中间凹心处向前方向插入茶针，用巧劲撬下茶块。

在撬取过程中，要避免用力过猛或者用蛮力，这样容易撬碎茶叶或者破坏茶饼的整体结构。同时，也要注意撬取的茶叶量，不要过多或者过少，这样会影响泡制的效果。在完成撬取后，要及时清洗和保养茶针，避免影响下一次的使用效果。

普洱茶的紧压茶在撬取时还需要注意一些特殊的细节。

（1）普洱茶的紧压茶是一种经过压缩和成形处理的茶叶，通常具有比较坚硬的外形和紧密的结构。因此，在撬取这种茶叶时，需要使用更加坚固和锋利的茶针来穿透其坚硬的外壳，并顺利地将茶叶撬开。

（2）在撬取普洱茶紧压茶时，要尽量保持茶叶的完整性。这样可以更好地保留茶叶的香气和口感，因为普洱茶是一种需要经过发酵和陈化的茶叶，其香气和口感会随着时间的推移而逐渐变化。如果将茶叶撬得太碎或者产生太多的碎屑，会影响茶叶整体的食用体验和品饮效果。

（3）在撬取普洱茶紧压茶时，还需要注意避免将茶叶撬得太碎或者产生太多的碎屑。如果将茶叶撬得太碎或者产生太多的碎屑，不仅会影响泡制的效果，还会影响品饮的体验。因为如果茶叶碎屑太多，会导致泡出的茶汤浑浊，口感不协调，从而影响品饮的品质。

在撬取普洱茶紧压茶时，需要注意使用更加坚固和锋利的茶针，尽量保持茶叶的完整性，避免将茶叶撬得太碎或者产生太多的碎屑。这样可以更好地保留茶叶的香气和口感，提高品茗的品质和体验。同时，也可以让泡制出的茶汤更加清澈透明，口感更加协调和丰富。

二、注意事项

撬茶，这个动作看似简单，实则蕴含了丰富的技巧和学问。它不仅涉及茶叶的取用，还关乎茶叶整体的食用体验。

撬茶的时机是很有讲究的。茶叶的新陈、紧压程度都会影响撬茶的时机。通常来说，新生茶质地松，陈茶质地紧，撬取前应先让陈茶适当回软，然后再慢慢撬取。对于紧压程度高的茶，要适当放置一段时间，待其自然松散后再撬取，这样能够保证茶叶整体的食用口感。

撬茶的工具也是需要注意的。通常来说，应该使用专门的茶针或茶刀来撬取茶叶。这些工具不仅方便操作，还能保证茶叶整体的食用安全。使用前要确保工具的清洁卫生，避免污染茶叶。同时，工具的材质和锋利程度也要注意。金属材质的工具较为锋利，但容易产生金属味，而竹木材质的工具则较为温和，但需要经常打磨保持锋利。

撬茶的手法也是非常关键的。一般来说，要先将茶刀或茶针插入茶叶边缘，然后慢慢将茶叶撬起。在这个过程中，需要注意手的方向和力度，避免戳伤手指或破坏茶叶的整体结构。同时，要根据茶叶的纹理和松紧程度来调整手的方向和力度大小，确保撬取的茶叶能够保持完整的形态。

撬取的茶叶量也是需要考虑的。一般来说，可根据个人口感喜好和茶叶质量来决定撬取的量。如果喜欢浓烈的口感，可以适量多撬取一些茶叶；如果茶叶质量较高，可以适量减少撬取的量，以充分利用茶叶整体的食用价值。撬茶看似简单，但其中蕴含的技巧和学问却非常丰富。只有注意细节和技巧，才能确保品茗时能够充分感受普洱茶的风味和口感。

由于普洱茶在压制时，一饼茶会分为撒面、盖茶、心茶三层，每层用料不一，只有部分茶压制时从内而外的用料是相同的。所以在取茶时，若只撬取了一个单层的茶叶，那在品茗时就无法充分感受这饼茶的综合风味。在解茶时要注意取茶的整碎度，如果茶块撬得过大，不宜浸泡出滋味；如解茶解得太碎，内含物浸出太快，也会影响茶汤滋味。

第四节　泡茶用水

一、择水

《梅花草堂笔谈》中的一段记载，生动地描述了水与茶的密切关系。这段话用十分浅显的语言，说明了水与茶的相互作用和影响。在煮茶时，茶叶和水的比例必须恰到好处，才能发挥出茶叶的最佳品质。如果茶叶过多，水过少，茶汤的口感就会变得苦涩；如果水过多，茶叶过少，茶汤的口感就会变得淡薄。因此，要泡出优质的茶汤，必须精准掌握茶叶和水的比例。

陆羽在《茶经·五之煮》中详细研究了泡茶用水的选择。他指出，泡茶用的水应该选择质地优良的山泉水，其次是江河水，最差的是井水。这是因为山泉水来自天然水源，含有丰富的矿物质和微量元素，能够为茶叶提供最佳的生长环境。江河水虽然也具有一定的矿物质含量，但相对于山泉水来说稍逊一筹。而井水则由于经过地下长时间的贮存，水质往往较差，不太适合泡茶。

水质对茶的色、香、味有着直接的影响。如果用硬度较高或含有较多杂质的水来泡茶，会使茶汤颜色变深，香味变淡，甚至会产生异味。而用软水或纯净水来泡茶，则能够更好地发挥出茶叶的香气和口感。因此，在泡茶时，选择合适的水质是非常重要的。

总之，水是茶之母，只有用合适的水来泡茶，才能发挥出茶叶的最佳品质。在泡茶时，应该选择质地优良的山泉水或纯净水，并掌握茶叶和水的比例，才能泡出色、香、味俱佳的好茶。

（一）鉴水五要素

1. 清

清，代表着水的纯净与清洁。在泡茶时，水质的洁净透彻至关重要。清澈透明的水，无杂质、无悬浮物、无异味，能确保茶汤的色泽清明，散发出迷人的光泽。

茶，作为大自然的馈赠，每一片茶叶都蕴含着大自然的精华。只有清洁的水质，才能充分萃取茶叶中的内含物质，让茶汤更加醇厚、口感更加细腻。水质洁净透彻不仅关乎茶汤的色泽和口感，更直接影响到茶叶中各种有益物质的溶出。清洁的水质可以促进茶叶中的多酚类物质、氨基酸、矿物质等内含物质充分溶出，与水分子完美结合，为茶汤增添丰富多彩的滋味。同时，水质洁净透彻还有助于保持茶叶原有的香气和口感，让每一杯茶汤都散发出清新的芬芳。

2. 活

活，象征着水的源头和流动性。在泡茶过程中，有源头且常年流动的水，具有较高的活性和自净能力，可以确保茶汤的新鲜度和口感。

活水，源自大自然，经过山间、溪流等自然环境的过滤和净化，含有丰富的矿物质和微量元素。这些矿物质和微量元素与茶叶中的内含物质产生化学反应，为茶汤增添了更加丰富的滋味和营养价值。相比之下，死水或静止的水容易滋生细菌和微生物，影响茶汤的品质和口感。使用活水来泡茶，可以有效地抑制细菌繁殖，保持茶叶的新鲜度和口感，提高茶汤的质量。活水不仅为茶汤提供了清新的口感和丰富的营养价值，还能让茶叶中的内含物质更加充分地溶出。在流动的水中，茶叶与水分子持续相互作用，促进了内含物质的释放和结合，使茶汤更加醇厚、口感更加细腻。

在选择泡茶用水时，要优先考虑有源头且常年流动的活水，以充分发挥出茶叶的最佳品质和口感。同时，也要注意水质的清洁度和适宜的矿物质含量，以获得最佳的泡茶效果。

3. 轻

轻，意味着水的轻盈与纯净。在泡茶过程中，使用轻水能够更好地发挥出茶叶的香气和口感，避免水中矿物质过多而产生涩味或异味。

轻水，是指溶解的矿物质较少的水。轻水通常具有较低的硬度，所含的钙、镁、铁等矿物质较少。这种水在泡茶时，能够避免与茶叶中的内含物质产生过于强烈的反应，保持了茶叶原有的口感和品质。使用轻水泡茶时，茶叶中的内含物质能够更加充分地溶出，与水分子完美结合。轻水中的微量元素和矿物质含量较低，不会干扰茶叶本身的味道和香气，让每一杯茶汤都散发出清新的芬芳。相比之下，硬水或重水含有较高的矿物质含量，容易与茶叶中的内含物质产生化学反应，影响茶汤的口感和质量。硬水泡出的茶汤可能会带有涩味或异味，而重水则可能导致茶叶原有的口感和品质受损。

在选择泡茶用水时，要优先考虑轻水，以充分发挥出茶叶的最佳品质和口感。同时，也要注意水质的清洁度和适宜的矿物质含量，以获得最佳的泡茶效果。

4. 甘

甘，代表着水的甜美与纯净。在泡茶时，口感甜美的水能更好地激发出茶叶的甜味和口感，让茶汤更加诱人品尝。

甘水，是一种纯净、甜美的水，其口感鲜美、清爽宜人。在泡茶过程中，使用甘水能够更好地发挥出茶叶的甜味和口感，提高茶汤的品质。茶叶中的内含物质，如氨基酸、糖类等，在甘水的泡制下，能产生更加美妙的反应，提升茶汤的鲜甜口感。甘水与茶叶的相互作用，让茶汤散发出迷人的芬芳。甘水所含的矿物质和微量元素，能与茶叶中的内含物质完美结合，产生更加丰富的滋味和营养价值。这种相互作用不仅让茶汤更加美味，还具有一定的养生保健作用。

在选择泡茶用水时，选择口感甜美的甘水能够更好地发挥出茶叶的最佳品质和口感。同时，要注意水质的清洁度和适宜的矿物质含量，以获得最佳的泡茶效果。甘水的甜美与茶叶的清香相互融合，为品茗者带来一场美妙的味觉盛宴。

5. 冽

冽，代表着水的清凉与刺激。在泡茶时，具有清凉感的水能更好地激发出茶叶的清香和口感，让茶汤更加细腻、清爽。

冽水，是一种具有清凉感的清水，它具有很高的温度和活力。在泡制普洱茶时，使用冽水能够更好地发挥出茶叶的清香和口感，提高茶汤的品质。普洱茶是一种经过发酵的茶叶，具有丰富的香气和口感，需要用高温的水来激发出茶叶中的内含物质。冽水的清凉感和高温可以刺激普洱茶的香气和口感的释放，让茶汤更加浓郁、醇厚。冽水还可以刺激口腔黏膜，提高口腔的敏感度，使人们更好地感受到茶叶的香气和口感。普洱茶的香气和口感非常丰富，需要用高温的水来激发出茶叶中的物质。

在选择泡茶用水时，选择具有清凉感的冽水能够更好地发挥出普洱茶的最佳品质和口感。同时，要注意水质的清洁度和适宜的温度，以获得最佳的泡茶效果。

（二）茶汤与水的酸碱度关系

茶汤与水的酸碱度关系是一个复杂而又微妙的领域，它不仅影响着茶汤的色泽和口感，还与茶叶中各种内含物质的溶解度和氧化还原状态密切相关。因此，了解并掌握水的酸碱度对泡茶的影响，对于提高茶汤的品质和风味具有重要意义。

水的酸碱度是通过 pH 值来表示的，pH 值越高，说明水的碱性越强；pH 值越低，说明水的酸性越强。泡茶时，适宜的 pH 值范围应该在 6.5 到 7.5 之间，这样能够保持茶叶中的内含物质充分溶解，同时避免对茶叶的有效成分造成损失。当 pH 值低于 5 时，虽然对汤色的影响较小，但过低的 pH 值可能会促使茶叶中的多酚类物质过度氧化，使茶汤颜色加深，从而影响其鲜艳度和清晰度。当 pH 值超过 7 时，茶黄素容易发生自动氧化而损失，而茶红素则容易沉淀而使汤色变得暗淡，这不仅会影响汤色的美观度，还会降低茶汤的新鲜度和口感。

除了 pH 值外，水的硬度、氯含量、铁含量等因素也会对茶汤品质产生影响。硬水中的钙、镁等矿物质含量较高，可能会与茶叶中的多酚类物质发生反应，形成不溶性的沉淀物，影响茶汤的口感。氯含量和铁含量过高也会对茶汤的色泽和口感产生不良影响。

在选择泡茶用水时，应该综合考虑这些因素，选择最适宜的水来泡茶。对于一般消费者而言，使用纯净水或经过滤处理的水是比较安全的选择。如果条件允许，也可以使用 pH 值在 6.5 到 7.5 之间的弱酸性或弱碱性水来泡茶，以获得最佳的品质和风味。

茶汤与水的酸碱度关系密切，泡茶用水应该选择适宜的 pH 值范围，以充分发挥出茶叶的最佳品质和风味。同时，还需要综合考虑其他因素对茶汤品质的影响，选择最适宜的水来泡茶。在实践中，可以根据茶叶的品种、采摘时间、加工工艺等因素进行灵活调整和搭配，以获得最佳的泡茶效果。

（三）茶汤与软硬水的关系

茶汤与软硬水的关系密切，泡茶用水的选择对茶叶的品质和口感有着重要影响。特别是对于普洱茶这类对水质要求较高的茶叶，软硬水的选择对茶汤的滋味和品质有着显著的影响。

硬水含有较高的矿物质含量，尤其是钙、镁等离子。这些矿物质与茶叶中的多酚类物质、氨基酸、糖类等内含物质相互作用，可能会影响茶汤的滋味和口感。在硬水泡茶时，茶汤可能会带有涩味或异味，破坏了茶叶原有的口感和品质。相比之下，软水具有较低的矿物质含量，口感更加纯净、柔和。软水泡茶时，能够更好地突出茶叶的香气和口感，使茶汤更加细腻、醇厚。普洱茶是一种经过发酵的茶叶，具有丰富的香气和口感。使用软水泡制普洱茶，可以更好地激发出茶叶中的内含物质，提高茶汤的品质。

软水泡普洱茶时，茶叶中的多酚类物质、氨基酸、糖类等内含物质能够更好地与水分子结合，产生更加丰富的滋味和营养价值。同时，软水还能够刺激口腔黏膜，增强口腔的敏感度，使人们更好地感受到茶叶的香气和口感。

泡制普洱茶时宜选用软水。软水能够更好地突出茶叶的香气和口感，提高茶汤的品质。同时，要注意水质的清洁度和适宜的温度，以获得最佳的泡茶效果。通过选用软水泡制普洱茶，可以享受到更加美妙的品茗体验。

二、煮水

在冲泡普洱茶的过程中，煮水这一环节不仅直接影响到茶叶的口感，更关系到茶汤的健康属性。下面我们将从几个方面进行深入探讨。

对于煮水的方法，古人早有精辟的论述。陆羽的《茶经·五之煮》中详细描述了水烧沸的过程："其沸，如鱼目，微有声，为一沸；缘边如涌泉连珠，为二沸；腾波鼓浪，为三沸，已上，水老，不可食也。"这段描述不仅形象地展现了水烧沸的不同阶段，还明确了泡茶时应该选取的水温。明朝许次纾在《茶疏》中进一步指出："水一入铫，便须急煮，候有松声，即去盖，以消息其老嫩。蟹眼之后，水有微涛，是为当时，大涛鼎沸，旋至无声，是为过时，过则汤老而香散，决不堪用。"这些古代茶学家的论述为我们今天的煮水提供了宝贵的经验。

现代科学对于煮水的研究更是深入。经过煮沸的水中的矿物质离子会发生变化。当水中的钙、镁离子在煮沸过程中沉淀下来时，如果煮水时间过短，这些离子尚未沉淀完全，会影响茶汤的滋味。而如果水烧得过久，那么水中的硝酸盐会在高温下被还原成亚硝酸盐，这样的"老水"不利于泡茶，更不利于人体的健康。

对于普洱茶来说，煮水更是一个关键的环节。普洱茶是一种需要经过充分浸泡才能释放出其独特滋味和香气的茶叶。在煮水的过程中，不仅可以更好地激发出茶叶的香气和滋味，还能将茶叶中的各种有益成分充分地溶解到茶汤中。而这些有益成分的含量和种类会直接影响到普洱茶的口感和健康效果。

煮水作为普洱茶冲泡过程中的一个重要环节，不仅需要我们严格遵守古人的经验指导，也需要我们根据现代科学知识进行灵活调整。同时，对于不同种类的普洱茶和不同的冲泡器具，我们也需要采取不同的煮水策略。只有这样，我们才能真正地品味到普洱茶的独特魅力，同时享受到其带来的健康益处。

三、水温

普洱茶，这款被誉为"能喝的古董"的茶叶，不仅拥有悠久的历史底蕴，更以其独特的品质和口感吸引了无数茶饮者的喜爱。在品饮普洱茶的过程中，泡茶技巧的高低直接决定了茶汤的品质。而在所有的泡茶技巧中，水温的掌控无疑是重中之重。

水，作为泡茶的媒介，其温度的高低能够极大地影响茶叶中各种物质的溶解程度和香气的挥发程度。不同的茶叶特性，需要不同的泡茶水温。对于普洱茶来说，这个水温通常在 90℃到 100℃之间。若水温过高，可能会破坏茶叶中的有益物质，甚至产生苦涩味；而水温过低则无法充分提取茶叶的香气和滋味。在冲泡普洱熟茶时，由于其经过渥堆发酵的工艺，茶叶内含物的溶解程度相对较高。因此，我们需要使用略高的水温来激发它的香气和滋味。相反，对于普洱晒青茶等未经发酵的茶叶，其茶叶内含物的溶解程度相对较低，所以我们需要使用稍低的水温来保持其鲜爽度。

普洱茶的用料等级也会影响泡茶水温。用料等级低的普洱茶，由于其茶叶内含物的含量相对较少，需要更高的水温来充分提取它的内含物。而用料等级高的茶叶则恰恰相反，如果使用过高的水温，可能会破坏茶叶中的有益物质，影响茶汤的口感。

普洱茶年份也是影响泡茶水温的重要因素之一。年份久的普洱茶，经过时间的沉淀，茶叶中的物质已经得到了充分的转化和丰富。因此，需要更高的水温来激发出它的香气和滋味。而年份短的茶叶则要适当降低水温以保持其鲜爽度和避免苦涩味的过度挥发。

除了以上几个因素外，还有一些细节问题需要注意。比如在冲泡老茶时，用较低的水温可以更好地保持其原有的香气和滋味，避免过度提取造成茶汤的苦涩。而在冲泡用料等级较高的茶叶时，则需要适当降低水温以保持其鲜爽度，避免苦涩味的过度挥发。在普洱茶品饮过程中，只有在充分了解其特性的基础上，灵活运用泡茶技巧和水温调控方法，才能冲泡出一杯香气浓郁、滋味醇厚的普洱茶。让我们在品饮的过程中，感受每一滴茶汤带来的美好与感动。

四、注水

在冲泡茶叶的过程中，注水技巧的重要性不言而喻。注水方式会直接影响到茶汤的质量，因此在注水时需要注意以下两点。

（1）水流要平稳，不能过缓过急。过缓的水流会导致茶叶浸泡时间过长，茶汤味道浓重，而急促的水流则会使茶叶翻滚剧烈，茶汤难以入口。因此，注水时要保持稳定的水流，让茶叶在水中自然舒展，充分释放出内含物质。

（2）水流不能直接冲淋到茶身，要沿壶壁缓缓注入。直接冲淋到茶身上会导致茶叶在水中翻滚，影响茶汤的口感。而沿壶壁缓缓注入则可以避免这种情况的发生，让茶叶在水中自然舒展，充分释放出内含物质。

对于普洱茶这种紧压的茶叶来说，醒茶是必不可少的步骤。在醒茶时，注水水流可均匀稍快，让茶块可以稍微翻腾，与水充分接触，唤醒茶性。这样可以使茶叶中的内含物质更好地释放出来，提高茶汤的品质。

当泡到3~4泡之后，茶叶已充分舒展开来，注水要匀缓，让茶叶内含物质自然浸出。若这时水流过快，会使汤色变浑，还会影响茶汤滋味。因此，在泡茶时需要根据茶叶的特性来调整注水的方式和速度。

当茶叶泡至味寡淡时，可以采用高温急速注水的方式，提高叶底温度，加快内含物的浸出。这样可以充分提取茶叶中的内含物质，提高茶汤的浓度和口感。另外，当泡散茶或较碎的茶时，由于茶叶内含物浸出会较快，无论醒茶还是正式冲泡，都要保持匀缓的水流，避免让茶叶在壶内产生较大的回旋转动。若水流过急，会让茶汤变得浑浊，还会让茶汤滋味难以掌控。因此，在泡茶时需要根据茶叶的形状和特点来调整注水的方式和水流的速度。

五、茶水比与冲泡频次

茶水比与冲泡频次是冲泡茶叶过程中需要仔细考量的两个重要因素。它们不仅直接影响到茶汤的口感和品质，还关系到茶叶中各种有益物质的提取和释放。

茶水比指的是泡茶用水与茶叶的比例。这个比例根据不同的场合、人数以及所使用的器具规格和冲泡的茶叶种类而有所不同。一般来说，在家庭或小型聚会中，由于使用的器具较小，茶水比通常为1:50至1:30。而在茶艺表演或大型活动中，由于使用的器具较大，茶水比通常为1:20至1:15。对于普洱茶来说，由于其具有丰富的口感和独特的品质，茶水比的选择尤为重要。根据普洱茶的不同种类和等级，以及茶叶的紧压程度和年份等，茶水比也会有所不同。一般来说，对于紧压程度较高的普洱茶，如砖茶、沱茶等，茶水比可以适当降低，以充分提取茶叶中的内含物质。而对于较松散的普洱茶，如散茶或龙珠等，则可以适当提高茶水比，以保证茶汤的浓度和口感。

冲泡频次是指泡茶时每次注水后浸泡的时间以及泡茶的次数。在冲泡普洱茶时，一般来说，前几泡的冲泡时间较短，而后几泡的冲泡时间逐渐延长。这样可以保证茶叶中的有益物质充分释放，同时避免苦涩味的产生。此外，根据茶叶的种类和等级等，冲泡频次也会有所不同。一些较为紧致的普洱茶，如沱茶、砖茶等，需要适当增加冲泡频次，以保证茶叶中的内含物质充分释放。在选择冲泡频次时，还需要考虑茶叶的品质和新鲜程度等因素。一般来说，品质较好的普洱茶需要较高的冲泡频次，以充分提取茶叶中的内含物质。而一些较为陈旧的普洱茶则可以适当降低冲泡频次，以避免苦涩味的产生。根据不同普洱茶的不同特性，来掌握茶水比与冲泡频次的区别，见表5-2所示。

表 5-2　各类普洱茶冲泡的茶水比

普洱茶叶类型	器具	容量	投茶量	冲泡频次
茶菁细嫩的紧压茶	盖碗	150 毫升	6～7 克	12～13 泡
茶菁粗壮的紧压茶	盖碗或紫砂壶	150 毫升	7～8 克	14～15 泡
茶菁粗老的紧压茶	紫砂壶	150 毫升	7～8 克	14～15 泡
散茶或细碎茶叶	盖碗	150 毫升	6～7 克	10～12 泡
5～10 年中期茶	紫砂壶	150 毫升	8～10 克	15～20 泡
10 年以上老茶	紫砂壶	150 毫升	10 克以上	20 泡以上

表 5-2 所标示数据仅为建议茶水比与冲泡频次，根据人数不同、茶具容量不同、茶叶特性的区别，也可在此基础上稍做增减。

在冲泡普洱熟茶与普洱晒青茶时，在两者形制、年份、整碎度、用料级别等相同的情况下，普洱熟茶的投茶量应比普洱晒青茶多投 1～2 克，这样泡出的茶汤滋味会更加饱满丰富。

第五节　行茶礼仪

普洱茶的行茶礼仪，不仅仅是一种日常的饮茶仪式，更是一种深厚的文化表现。它融入了中华民族的谦让、和谐、敬老、爱幼的传统美德，以及茶本身的特质，成为一种富有内涵和哲理的仪式。在中国的传统文化中，茶被赋予了极其重要的角色。它不仅是一种健康的饮品，更是一种文化的象征，一种心灵的沟通方式。通过泡茶、品茶的过程，人们可以在其中感悟人生，体味世情。而普洱茶，作为中国茶的一种独特种类，其行茶礼仪更是充分体现了这些特点。

在准备泡茶之前，除了将茶具准备齐全并摆放有序，更重要的是对心态的调整。这需要泡茶者心平气和，去除杂念，将身心完全沉浸在泡茶的过程中。这种对细节的专注和对过程的尊重，不仅是对客人的尊重，也是对生活的热爱和敬畏。

让客人欣赏普洱茶叶的色泽和形状，是对中国传统文化的传承和弘扬。通过这种方式，不仅可以让人们更好地了解和欣赏茶叶的品质和特点，更可以传递出对客人的尊重和感激之情。茶叶的色泽、形状、香味等特征，以及茶叶的采摘时间和加工工艺等信息，都能反映出茶叶的独特性和价值。这一过程不仅提高了品茗的体验和感受，也增加了人与人之间的情感交流和文化沟通。

置茶时对茶叶数量和放置位置的关注，实际上是对细节的追求和对品质的坚守。这需要泡茶者具备对茶叶的深入了解和丰富的经验。只有使用正确的置茶方式，才能保证泡出的茶汤口感醇厚、香气浓郁。

冲泡普洱茶的过程，需要泡茶者全神贯注。这不仅是对茶叶的尊重，也是对生活的热爱。冲泡时需要控制的水温和时间，直接影响到茶汤的味道和质量。每个细节都需要泡茶者的精心操作和准确把握。

倒茶时需要控制倒茶的速度和量，避免出现溢出或溅出的情况。这一步骤需要泡茶者具备高超的技巧和经验。同时还需要保持茶汤的温度和口感，这需要泡茶者对茶叶特性的深入了解和对品茗过程的深刻理解。

奉茶时需要双手捧杯向客人行礼，这不仅是一种礼节，更是一种情感的表达。其中蕴含了对客人的敬意、感激和欢迎之情。这一过程需要泡茶者真诚的心态和自然的情感流露。

品茗的过程是交流与分享的过程。通过与客人的交流，不仅可以增进双方的了解和友谊，还可以提高品茗的体验和感受。同时还需要注意观察客人的反应和态度，以便更好地满足客人的需求。

普洱茶的行茶礼仪是茶道的重要组成部分，它不仅体现了茶道的精神和内涵，更体现了对客人的尊重和礼节。在行茶礼仪中需要注意对细节步骤的掌握以及灵活运用各种技巧和方法以保证整个泡茶的过程和效果达到最佳状态，同时还需要根据不同场合人数以及所使用的器具规格等因素进行合理的调整，以更好地展现出普洱茶的独特魅力和价值。行茶礼仪不仅是饮茶的过程更是一种文化、一种心灵的沟通、一种人际关系的构建，它充分体现了中华民族的谦让、和谐、敬老、爱幼的传统美德以及人们对生活的热爱和对品质的追求，通过普洱茶的行茶礼仪人们可以品味人生，体验生活，感受文化的魅力。

第六章　普洱茶的品饮要点

普洱茶越久越醇，越久越香，故普洱茶又被誉为"有生命的古董"。余秋雨先生曾在《普洱茶品鉴》一文中这样描述普洱茶，"一团黑乎乎的粗枝大叶，横七竖八地压成了一个饼形，放到鼻子底下闻一闻，也没有明显的清香。抠下来一撮泡在开水里，有浅棕色漾出，喝一口，却有一种陈旧的味道"。"香飘千里外，味酽一杯中"便是普洱茶的真实写照，小小的一片叶子，竟如此神奇。让我们一起融入这片小小的叶子之中，一步步走近普洱茶，学会认识、品鉴普洱茶。

近百年来，普洱茶深受广大消费者青睐，皆因其茶质优良。同时普洱茶的独特风味，还与其自然陈化的过程有关，转熟后的普洱茶，经过特殊的加工程序，压裂成大小不同、形状各异的茶团，置于干燥处自然阴干。再按运输要求，包装入篓，运往外地。

产茶区地处祖国西南边陲的云南，山高水险，在古代交通极为艰难，茶叶的外运全靠马帮牛帮，山路上耽搁的时间很长，有的路段，马帮一年只能走两趟，牛帮则一年只能走一转，茶在马背、牛背上长时间颠簸，日晒风吹雨淋，使其内含物质徐徐转化，导致普洱茶的独特色泽更明、陈香风味更浓。普洱茶性较中和、正气，适合港人的肠胃，大多数人嗜饮，港九茶叶行商会董事长游育德先生把港人喜欢饮用普洱茶的原因概括为"五点"（十个字）：一是够浓，二是耐冲，三是性温，四是保健，五是价廉。

鉴别普洱茶，首先要明了其产地。普洱茶的原料必须是云南境内采摘的大叶种，尤其以名山所产之茶为优。有了好的原料，再经过好的加工，这样便会诞生好的普洱茶叶。品鉴普洱茶的要素，可以从色、香、味、气等方面来看。

第一节　观其色

品鉴普洱茶的第一步是观色，须注意三点：看茶色、看汤色、看叶底。在购买普洱茶时不要简单地看包装、听宣传，更不要因为一些卖茶人的忽悠而先入为主。

一、看茶色

品鉴普洱茶的第一步是观色，这是对普洱茶的初步印象和判断。观茶色，不仅仅是观察茶饼或干毛茶的色泽，更是对茶叶外形的审视和评估。好的普洱熟茶，其外部色泽为褐红色，类似于猪肝色，茶叶条索肥嫩、紧结。

对于普洱散茶来说，其品质的衡量主要是看芽头的多少、条索的紧结和厚实程度、色泽的光润程度以及净度。芽头多、毫显、条索紧结、厚实、色泽光润、净度高的茶叶品质较好。而普洱紧压茶则是以散茶为原料，经过蒸压成型的各种茶品，如圆饼形的七子饼茶、砖形的普洱砖茶、碗臼形的普洱沱茶等。

在鉴别普洱紧压茶的质量时，除了考虑内质特征与普洱散茶相同外，外形上主要有形状匀整端正、棱角整齐、模纹清晰、撒面均匀、包心不外露、厚薄一致、松紧适度，色泽以黑褐、棕褐、褐红色为正常等要求。同时，茶叶存放的时间长短不同，茶饼的紧结程度和色泽都会有所不同，这也是判断茶叶品质的重要依据之一。

在鉴定普洱茶叶色泽是否正常时，需要关注的是该茶类应有的色泽。例如，普洱晒青茶应该呈黄绿、深绿、墨绿或青绿色等色泽，而普洱熟茶则应该呈褐红乌润、乌棕或棕褐等色泽。如果晒青茶色泽显乌褐或暗褐，则品质肯定不正常；同样，熟茶色泽如果泛暗绿色或呈花青色，品质也不正常。此外，观色时还需注意有没有霉梗、叶等杂质。

随着存放时间的延长，普洱茶的色泽会逐渐向暗绿、黄红、褐红方向转变。而熟普洱的茶色以褐红且均匀油润者为好，色泽黑暗或花杂有霉斑者较差。总之，在品鉴普洱茶时，观色是第一步，也是最重要的一步。通过仔细观察茶叶的色泽和外形特点，可以初步判断出茶叶的品质和级别。同时，结合其他方面的评估，如嗅香气、尝滋味、看叶底等，可以对普洱茶的品质做出更加准确的判断。

二、看汤色

品鉴普洱茶的汤色，是了解普洱茶制作工艺和存储条件的重要环节。汤色不仅能反映普洱茶的品质，还能体现其陈化时间和存储条件。

（一）普洱熟茶的汤色

普洱熟茶的汤色红浓明亮，是其独特的制作工艺和陈化过程的结果。在制作过程中，普洱茶经过渥堆和发酵等环节，使得茶叶中的化学物质发生了变化，形成了独特的香气和口感。在陈化过程中，普洱茶继续进行转化和升华，茶多酚、氨基酸等成分不断转化，使得汤色越来越深，口感越来越醇厚。同时，普洱茶的汤色也与其存储时间和条件有关。一般来说，存放时间长的普洱茶，其汤色会更加红浓明亮。

如果存储条件不良，如湿度过高或温度过高，则可能会导致茶叶变质或发霉，影响汤色的品质。因此，普洱茶的存储环境也是影响其汤色的重要因素之一。除了制作工艺和存储条件外，普洱茶的产地和品种也会对其汤色产生影响。

不同产地的普洱茶，其汤色和口感也会有所不同。例如，云南勐海的普洱茶汤色较为红浓明亮，而云南临沧的普洱茶汤色则较为清澈明亮。此外，普洱茶的品种也会对其汤色产生影响。例如，老树普洱茶的汤色往往比小树普洱茶更加红浓明亮，这是因为老树普洱茶中的成分更加丰富，陈化时间更长。

（二）普洱晒青茶的汤色

当年的普洱晒青茶，以其独特的制作工艺和新鲜的茶叶原料，展现出一种清新的汤色。在正常投茶量下，使用沸水冲泡十多秒钟后，茶汤呈现出黄绿色的色泽，这是由于茶叶中富含的天然叶绿素和类胡萝卜素等物质在短时间内溶解在茶汤中。随着浸泡时间的延长，这些色素不断溶解，汤色逐渐转变为金黄色，这是由于叶绿素在长时间浸泡下逐渐氧化，而类胡萝卜素则在茶汤中逐渐呈现出更加鲜艳的颜色。

存放一定年份的普洱晒青茶，随着时间的推移，茶叶中的化学成分不断转化和陈化，使得汤色也发生了变化。一般来说，5年左右的普洱茶汤色会从鲜亮的绿色向黄绿色转变，这是由于茶叶中的一些成分逐渐转化，使得汤色变得更加浓郁。5~10年的普洱茶，黄绿色会进一步向金黄色转变，这是由于茶叶中的氨基酸、糖类等成分在陈化过程中逐渐产生变化，使得汤色变得更加醇厚。10年之后，金黄色会向黄红色转变，这是由于茶叶中的多酚类物质在长时间陈化下逐渐氧化，使得汤色更加深沉。

如果一款茶在5~6年时汤色就发生了很大转变，或者不到10年就呈现出栗红色，那么很可能是这款茶经过轻度发酵或进过湿仓。轻度发酵是指在制作过程中通过控制湿度和温度等因素，促进茶叶中酶的活性，加速茶叶的陈化过程。而进过湿仓则是指茶叶在存储过程中受到过多的水分影响，使得茶叶中的化学成分发生异常变化，导致汤色呈现出不正常的红色或栗色。这两种情况都会对茶叶的品质产生影响，因此在品鉴普洱茶时需要注意辨别。

对于普洱晒青茶来说，其汤色的变化是反映茶叶品质和陈化时间的重要指标之一。通过观察汤色的变化过程，可以初步判断茶叶的品质和陈化程度。

（三）观色的方法

在鉴赏普洱茶的汤色时，晶莹剔透的无色玻璃杯是一种非常合适的选择，因为无色玻璃杯可以更加真实地反映出普洱茶的汤色。使用无色玻璃杯可以避免杯子对汤色的影响，从而更加精准地观察茶汤的色泽。

（1）向杯中斟入 1/3 杯的茶汤：在鉴赏普洱茶的汤色时，需要将茶汤倒入杯子中，但不要倒满，以避免茶汤溢出。同时，1/3 杯的茶汤可以更好地呈现出普洱茶的汤色。

（2）举杯齐眉：这个动作可以帮助我们将杯子放在一个水平面上，从而避免光线折射等因素对汤色产生影响。同时，将杯子举高可以更好地观察普洱茶的汤色。

（3）朝向光亮处：在观察普洱茶的汤色时，需要将杯子朝向光亮处，这样可以更加清晰地看到汤色的色泽和透明度。同时，光线的强度应适中，以避免光线过强或过弱对汤色产生影响。

（4）杯口向内倾斜 45°：这个动作可以帮助我们将杯子中的茶汤倒出，同时也可以避免光线折射等因素对汤色产生影响。同时，向内倾斜的杯口可以更好地展现出普洱茶的汤色。

在鉴赏普洱茶的汤色时，选用晶莹剔透的无色玻璃杯可以更加精准地观察普洱茶的汤色，从而更好地评估其品质和陈化程度。

品鉴普洱茶的汤色是了解其制作工艺和存储条件的重要环节。通过观察汤色的深浅、明暗和色泽变化，可以初步判断茶叶的品质和陈化时间。同时结合普洱茶的口感、香气、叶底等因素进行综合品鉴，可以更全面地评估普洱茶的品质和价值。

三、看叶底

（一）辨别叶底品质

看叶底，开汤后看冲泡后的叶底（茶渣），主要看柔软度、色泽、匀度。正常的普洱茶叶底色泽一致，不软烂，无杂色，晒青茶茶底 10 年内由黄绿向金黄转变，10 年后由金黄向黄栗转变。而熟茶的叶底随着年份的增加，颜色逐渐变为黑褐。叶质柔软、肥嫩、有弹性的好，而叶底硬、无弹性的则品质不好；色泽褐红、均匀一致的好，而色泽不均匀，或发黑、炭化，或腐烂如泥，叶张不开展的则属品质不好的。

普洱茶的叶底可从以下两个方面来品鉴：一是靠闻辨别香气，二是靠眼睛判别叶底的老嫩、匀整度、色泽和开展与否，同时还观察有无其他杂物掺入。好的叶底应具备亮、嫩、厚、稍卷等几个或全部因子。普洱晒青茶叶底呈黄绿色或黄色，叶条质地饱满柔软，充满鲜活感。也有些晒青茶在制作工序中，譬如茶菁揉捻后，没有立即干燥，延误了很长时间，叶底也会呈深褐色，汤色也会比较浓而暗，接近于轻度发酵渥堆过的熟茶。普洱熟茶的叶底多半呈暗栗色或黑色，叶条质地干瘦老硬。但是，有些熟茶若渥堆时间短，发酵程度轻，叶底也会非常接近晒青茶叶底。单从叶底不能一概而论是晒青茶还是熟茶，要结合其他方面对其进行进一步的分辨。

（二）注意事项

在赏鉴普洱茶的叶底时，我们需要注意一些细节和误区，以确保我们能够准确地评估茶叶的品质和嫩度。

首先，我们需要了解茶叶品种的特性。不同的茶叶品种有着不同的生长特性和叶片形态，有些品种的叶片可能比较厚实，或者节间比较长，这可能会让人误认为这些茶叶比较粗老。而实际上，这些特征并不一定意味着茶叶的嫩度低。因此，在评估嫩度时，我们需要综合考虑多个因素，包括叶片形状、质地、色泽等，以得出准确的结论。

其次，我们需要避免将湿仓茶误认为是老茶。湿仓茶的颜色通常比较暗淡，叶底形态也比较紧缩，不开展。这可能会让人误认为这种茶叶是老茶。而实际上，湿仓茶和干仓茶在嫩度上的差别并不一定与它们的存储条件有关联。因此，在评估嫩度时，我们需要客观看待茶叶的色泽和叶底形态，避免因存储条件等因素而影响判断的准确性。

欣赏和评价茶叶的嫩度需要综合考虑多个因素，包括茶叶品种特性、存储条件等。只有准确地评估嫩度，我们才能更好地欣赏和享受茶叶的美妙之处。同时，我们还需要结合其他感官体验进行综合评估，如香气、口感、汤色等，以更全面地了解普洱茶的品质和价值。

第二节　闻其香

香气是茶叶的灵魂，香气是普洱茶永恒的魅力。有诗赞曰："滇南佛国产奇茗，香孕禅意可洗心。"普洱茶的香气颇为丰富，普洱晒青茶的香气是高雅幽远的，而普洱熟茶的香气是陈香显著且含蓄多变的。通过浸泡茶叶，使其内含的芳香物质挥发，刺激鼻腔闻觉神经进行区分，习惯上称为闻香。由于茶树生长的环境、树龄、纬度、海拔、土壤成分的差异，茶叶积累的物质也有差别，分解时释放的香味香型、强弱也有区别。

一、普洱茶的主要香型

（一）樟香

云南地区的独特地理环境和气候条件为茶叶的生长提供了得天独厚的条件。在云南的广大地域内，分布着许多高大的樟树林，这些樟树树冠高大，树干粗壮，有的甚至高达数米。大樟树下的空间成为茶树生长的理想环境。

大樟树的遮阴作用为茶树提供了理想的生长条件。在热带和亚热带地区，阳光强烈，气温较高，因此遮阴对于茶树的生长至关重要。大樟树茂密的树冠能够有效地遮挡阳光，减少地表水分的蒸发，为茶树提供了湿润、阴凉的环境。大樟树底下的土壤环境有利于茶树的生长。由于大樟树的根系发达，能够在地下形成庞大的根系网络，这使土壤中的水分和养分得到有效的保持和循环。茶树的根系在土壤中与樟树的根系交错生长，吸收了樟树根系所释放出的养分和水分。更为重要的是，大樟树在生长过程中会散发出独特的香气。这种香气是樟树叶子和树干经过长时间的生物积累和转化而形成的。当茶树的叶片与大樟树的枝叶接触时，会吸收到这种香气。

叶片制成茶叶之后经过长时间的贮存和转化，茶叶中便充满了独特的樟香。在普洱茶的加工和陈化过程中，这种樟香会进一步得到强化和提升。经过一段时间的陈化后，普洱茶会散发出更加浓郁的香气。这种香气醇厚、深沉，能够给品茗者带来一种独特的无与伦比的感官体验。

（二）荷香

荷香是普洱茶所具有的一种非常特别的香气，它淡雅而飘逸，让人联想到夏日的荷花，在微风中轻轻摇曳，散发出清新的香气。这种香气并不是所有茶叶都能产生，它主要来自幼嫩的普洱茶菁。

毛尖和芽茶都是非常优质的普洱茶。毛尖是雨前所采，不做成团，茶汤清淡且散发出如荷的香气。而芽茶则比毛尖稍壮，同样具有荷香。这些茶叶经过适当的陈化和发酵后，它们的香气会变得更加丰富和悠扬。然而，在新鲜的一级幼嫩普洱芽茶中，我们品到的是强烈的青叶香气，而不是荷香。只有经过适当的陈化和发酵后，幼嫩的芽茶才会去掉浓烈的青叶香，自然而然地留下淡淡的荷香。这种荷香非常独特，它轻飘、清雅娓娓。当我们打开一包密封的荷香普洱茶叶时，一股淡淡的荷香会扑鼻而来，让人仿佛置身于荷花盛开的池塘边。

冲泡带有荷香的普洱茶时，宜选用清新的好水。软性水质最理想，因为它们不会夺走普洱茶的香气和味道。冲水时水应达沸热，以快冲速倒方式比较适宜。在赏茶的过程中，我们可以闻到淡淡的荷香。茶汤喝入口中，应稍作停留，这时一股淡淡的荷香会从口腔中散发出来，经由上颚进入鼻腔中。这种香气让人仿佛置身于盛夏的荷花池边，感受着普洱茶带来的浪漫情韵。

（三）兰香

兰香，这种优雅而深沉的香气，常常是成熟与内敛的象征，它出现在"少年"过渡到"中年"的"青年"期，表达出一种含蓄而丰富的美。在普洱茶的世界里，兰香是一种独特的香气，它融合了荷香和樟香的特质，却又不同于两者。这种香气淡雅而持久，如梦如幻，让人流连忘返。"香于九畹芳兰气，圆如三秋皓月轮"形象地描绘出普洱茶兰香的魅力。其中，"圆如三秋皓月轮"形容的是普洱圆茶的形态，像秋天那圆大而美好的月亮般的普洱圆茶，给人一种宁静、饱满的感觉。而"香于九畹芳兰气"则形容的是普洱茶的香气，比浓郁的兰花香更奇美、更悠扬。

一般来说，那些条索较细长、色泽比较墨绿的普洱茶，更容易展现出兰香的特质。这些茶叶通常采自比较细嫩的茶菁，经过长期的醇化过程，兰香会变得更为浑厚、深沉。相比之下，较粗老的茶菁加工而成的茶品醇化后的兰香则更显清纯。

兰香的展现也与泡茶的方式有关。在冲泡普洱茶的过程中，如果采用清新的好水、软性水质的水以及水沸热的方式冲泡，那么兰香的展现会更佳。在品茶的过程中，我们可以细心感受这种淡雅而持久的香气，它就像一首优美的诗篇，让人沉醉其中。

普洱茶的兰香是一种独特而复杂的气味，它需要经过精心的采摘、制作和冲泡才能得以展现。这种香气不仅让人陶醉，更是普洱茶独特魅力的体现。

（四）清香

在普洱茶的世界里，清香是一种普遍而典型的香气。它清新淡雅，原汁原味，让人流连忘返。清香型普洱茶以其原料和生产季节为特点，呈现出一种清雅、自然的气息。

清香型的普洱茶在原料选择上非常讲究。一般来说，幼嫩的茶芽是制作清香型普洱茶的理想原料。这些茶芽富含氨基酸、茶多酚等营养成分，经过精心采摘和加工后，能够散发出一种淡雅的清香。这种香气不同于其他类型的普洱茶，它更加清新、自然，让人仿佛置身于清晨的茶园之中。

除了原料选择外，生产季节也是影响清香型普洱茶的重要因素。一般来说，春茶和幼嫩茶的清香最为明显。在春季，茶树经过一个冬天的积累和沉淀，养分充足，加上春季气温适中，阳光明媚，非常有利于茶芽的生长和发育。因此，春茶的清香型普洱茶品质往往更为上乘，香气浓郁持久。

在冲泡清香型普洱茶时，需要注意以下几点。

（1）选用清新的好水是关键。软性水质的水能够更好地激发出普洱茶的香气和味道。

（2）水温要适中，以避免破坏茶叶中的营养成分和香气。

（3）冲泡方式也很重要，快冲速倒能够更好地保留茶叶的香气和口感。

清香型普洱茶以其淡雅、清新的香气赢得了广大茶友的喜爱。在品茗时，我们可以细细感受这种原汁原味的香气，让人仿佛置身于清晨的茶园之中，享受那份宁静与自然。

（五）烟香

烟香是一种独特而迷人的普洱茶香气，它源于晒青原料在加工过程中的一种特殊处理方式。当茶叶经过晒制并达到一定的干燥程度后，被挂在厨房顶上，利用厨房烧火的余温进行晾干。这个过程使得茶叶吸收到一些烟熏的香气，从而形成了烟香。普洱茶的烟香与小种红茶的松烟香有着明显的区别。小种红茶的松烟香是一种深沉而悠扬的香气，它源于茶叶在制作过程中经过松木烟熏的工艺。而烟香则是一种复杂而丰富的香气，它源于晒青原料在晾干过程中吸收的烟熏气息。这种香气既包含了淡淡的木质香，又带有一种土壤和草本植物的清香，给人一种独特而深刻的口感体验。

烟香与烟草的香气也有很大的区别。烟草的香气是一种强烈而刺激的气味，它带有一定的苦涩和辛辣感。而烟香则是一种相对柔和而细腻的气味，它没有烟草那样的刺激味道，而是一种让人感到舒适和愉悦的香气。

在普洱茶产区，具有烟香的原料分布较广，但每片产区的特色各不相同。例如，澜沧、临翔、凤庆等地的原料中就多含烟香。这些地方的茶叶在经过晒制和晾干后，便散发出一种独特的烟香气息。这种香气浓郁而持久，让人喝上一口便难以忘怀。

除了原料和产区的影响外，烟香的产生还与季节和气候有一定的关系。通常来说，夏季和秋季的晒青原料的烟香较为浓郁，因为这两个季节的天气较为炎热干燥，有利于茶叶吸收烟熏气息。冬季和春季的茶叶则相对清香。

烟香型普洱茶在制作过程中需要掌握一定的技巧和火候。如果晒青程度不够或者晾干过程中温度和湿度控制不当，就容易产生一种劣质的烟味，让人感到不适。因此，制作烟香型普洱茶需要丰富的经验和精湛的技艺。

对于品茗者来说，尝试不同类型的普洱茶是非常有趣的体验。有些人可能更喜欢清新淡雅的清香型普洱茶，而有一些人则可能更偏爱具有烟香的普洱茶。这完全取决于个人的口味和偏好。在品茗过程中，我们可以细心感受这种独特而丰富的香气，让它带领我们探索普洱茶世界的奥秘。同时也可以多了解一些普洱茶的制作工艺和知识，更加深入地了解这种美妙的茶文化。

（六）枣香

枣香是一种独特而迷人的香气，主要分为青枣香和红枣香。这种香气在普洱茶中相对较为稀有，但某些特定产区和发酵程度的普洱茶中，可以品味到这种浓郁而甜蜜的香气。

青枣香是一种清新而淡雅的香气，它带有一种独特的果香。这种香气主要出现在晒青茶中，而且并不是所有的晒青茶都会产生这种香气。只有当晒青程度适中，茶叶中的氨基酸和糖类物质相互反应，才能形成这种独特的青枣香气。因此，想要产生青枣香对晒青工艺有一定要求。

红枣香则是一种熟茶中常见的香气，它带有一种甜蜜而浓郁的味道，类似于红枣的香气。这种香气主要出现在发酵程度适中的普洱熟茶中，通常需要经过后期的陈化过程才能逐渐凸显出来。红枣香的产生与发酵工艺密切相关，只有在适宜的发酵条件下，茶叶中的微生物才能产生这种独特的香气。

一般来说，红枣香普洱茶的品质与发酵程度和新茶陈化时间有关。适度的发酵可以保留茶叶的本味和活性物质，同时激发出红枣的香气，而新发酵出的半成品较为清淡，品茗者可以通过观察茶叶的发酵程度和陈化时间来判断红枣香的浓郁程度和品质。

除了产区和发酵程度的影响外，枣香的产生还与季节和气候有一定的关系。通常来说，春季和秋季的茶叶中产生的枣香较为浓郁，因为这两个季节的天气较为干燥，有利于茶叶吸收到足够的热量和水分，从而形成浓郁的枣香气味。而冬季和夏季的茶叶则相对清淡一些。

（七）蜜香

普洱茶中的蜜香是一种独特而迷人的香气，主要分为花蜜香、果蜜香和蜂蜜香三种。这种香气在普洱茶中非常常见，但并不是所有的普洱茶都会散发出这种香气。

花蜜香是一种甜而刺激的香气，类似于鲜花散发出来的香味。带有花蜜香的普洱茶通常需要经过一定的陈化过程才能逐渐显露出来。例如，易武茶在经过一定的陈化后，其花蜜香会更加显著，让人闻起来非常愉悦。

果蜜香是一种甜而高雅的香气，是普洱茶典型原香之一。在普洱茶中，勐宋那卡茶和景迈茶的果蜜香最为突出。这些地方的茶叶在晒青过程中会吸收到足够的热量和水分，从而形成浓郁的果蜜香气味。

蜂蜜香是一种类似于蜂蜜散发出来的香气。这种香气通常在熟茶中更为明显，主要由熟茶发酵而产生。陈化期较长的普洱熟茶中往往含有蜂蜜香，这种香气在品茗杯中更为显著，有"挂杯香"之说。

除了产区和发酵程度的影响外，蜜香的品质还与季节和气候有一定的关系。通常来说，春季和秋季的茶叶中产生的蜜香较为浓郁，因为这两个季节的天气较为干燥，有利于茶叶吸收到足够的热量和水分，从而形成浓郁的蜜香气味。而冬季和夏季的茶叶则相对清淡一些。

（八）花果香

普洱茶中的花果香，是一种丰富而细腻的香气类型，包括玫瑰花香、稻谷花香、兰花香、桂花香、梅子香、板栗香等多种香气。这种香气主要来源于茶叶中的氨基酸、糖类物质以及香气前体物质在加工过程中的相互作用。

花果香型普洱茶的品质与产地环境和初制工艺密切相关。不同区域的茶叶具有不同的花果香气类型，如班章老曼娥茶具有浓郁的稻谷花香，布朗山茶、巴达山茶则呈现出典型的梅子香气，南糯山茶散发着高雅的糯米香气，景谷大白茶、格朗河茶则带有玫瑰花香，而凤庆茶则具有典型的兰花型红茶原香。在制作过程中，晒青程度和发酵程度也会影响花果香的品质和类型。晒青程度适中且发酵程度适中的普洱茶，通常会散发出浓郁而高雅的花果香气。此外，存放时间和陈化过程也会对花果香的品质产生影响。随着时间的推移，普洱茶中的香气前体物质会不断转化，从而产生更加丰富和细腻的花果香气。

优质的花果香型普洱茶外形条索粗壮，汤色橙黄明亮，香气浓郁高雅，口感醇厚回甘。同时，品茗者可以根据自己的口感喜好、茶叶质量标准和产地等因素来选择适合自己的花果香型普洱茶。

（九）甜香

甜香是普洱茶中一种常见的香气类型，主要分为两种：一种是类似于焦糖或红糖的甜香，这种香气是由于茶叶在发酵过程中，大量的纤维素降解后形成的茶多糖、低聚糖及单糖等物质所散发出来的味道；另一种是无糖的甜香，这种香气纯粹是由于茶叶在发酵过程中产生的甜味物质所呈现的味道。

在熟茶品鉴过程中，甜香的感受范围相对较广。如果我们将甜香再进行更加细致的区分，就可以品鉴出不同产品所呈现出来的甜香型。例如，有些产品的甜香型比较浓郁，带有一些果香或花香的味道；而有些产品的甜香型则比较清新，带有一些青草或绿叶的味道。

除了受发酵程度的影响外，茶叶的产地和采摘季节也会对甜香的品质产生影响。一般来说，春季和秋季的茶叶中产生的甜香较为浓郁，因为这两个季节的天气较为干燥，有利于茶叶吸收到足够的热量和水分，从而形成浓郁的甜香气味。而冬季和夏季的茶叶则相对清淡一些。

（十）木香

在普洱茶的世界里，木香扮演着一个迷人而独特的角色。这种香气，源自橙花叔醇等倍半萜烯类和 4-乙烯基苯酚等化合物的存在，它是茶叶木质素在特定陈化过程中的独特产物。木香，有时被人们形象地描述为"烂木头味"，但实际上，这种香气是如此的清幽、高雅而轻飘上扬，它为普洱茶的丰富口感增添了独特的韵味。

普洱茶中的木香，往往来自茶叶梗的陈化过程。在茶叶的生产和加工过程中，梗是茶叶的一个重要组成部分。带梗较多的茶品，例如早期的红印、绿印等产品，在后期的陈化过程中会表现出非常突出的木香。这是因为这些老茶的梗经过多年的陈化后，已经达到了一个非常成熟的阶段，其内部含有的木质素发生了复杂的降解反应，从而释放出了浓郁而独特的木香。

然而，在普洱茶品鉴中，我们需要明确区分木香和陈香这两种香气。木香是一种直观而鲜明的感受，特别是在那些梗较多的茶叶中，这种香气会更加突出。它就像是大自然的呼吸，清幽而高雅，给人一种耳目一新的感觉。而陈香则是一种更为深沉、内敛的香气，它需要一定的陈化时间才能逐渐显现出来。陈香带有一种时间的沉淀和岁月的痕迹，它与木香在感觉上有着明显的差异。

普洱茶中的木香是一种独特而重要的香气组成部分。它清幽、高雅而轻飘上扬，给品著者带来别具一格的感官体验，使人在享受普洱茶的美妙香气时，不禁感叹大自然的神奇和茶文化的博大精深。

（十一）陈香

品味陈香是普洱茶的至高境界与享受，每个喜爱普洱茶的茶友都知道普洱茶以陈为贵，越陈越香。陈香是一种复杂而迷人的香气，它展现着时间的印记，流淌着历史的气息。它似乎是岁月沉淀的产物，又像是时间赋予的礼物，让人沉醉其中，流连忘返。

陈香是普洱茶在长时间的存放过程中，逐渐转化而成的香气。这个过程如同老酒一般，需要时间的醇化与积累。每一年的陈放，都会使茶叶内部的化学成分发生微妙的变化，从而产生独特的香气和口感。

陈香在老茶中尤为明显，那种深沉而悠长的气息，轻淡而缠绵，仿佛能够穿越时空，让人感受到茶叶从新鲜采摘到逐渐老去的整个过程。它有时会带有一些迷迭香的味道，那种诱人的香气让人沉醉其中，无法自拔。

品鉴陈香，不仅仅是用鼻子去闻，更要用心去感受。每一次深呼吸，都能感受到那种深沉而悠久的气息，它似乎能够带你走进一个完全不同的世界。在陈香的环绕中，往往使人感到一种深深的宁静与安详，仿佛置身于一个静谧的山谷之中，与世隔绝，身心得到彻底的放松与愉悦。

陈香是普洱茶的魅力所在，也是品茗者最为珍视的享受。在品味陈香的过程中，不仅能够感受到茶叶的魅力，更能够体验到时间的沉淀与历史的流转。这是一种超越感官的体验，让人沉醉其中，流连忘返。

二、普洱茶的闻香步骤

"疏香皓齿有余味，更觉鹤心通杳冥。"繁华袭来，泡一杯普洱茶，把氤氲的意象泡开，闻着普洱茶香，可以让心远离尘嚣、心无旁骛。在了解了普洱茶的香型后，我们来谈谈品鉴普洱时的闻香技巧。闻香气一般分为热闻、温闻和冷闻三个步骤，以仔细辨别香气的纯异、高低及持久程度。

（一）热闻

热闻是品茗普洱茶的重要环节之一，它不仅要求我们辨别茶叶的香气是否纯正，更要察觉出茶叶中是否存在异气，如陈气、霉气等。在这个过程中，我们必须集中精力，因为热闻的时机稍纵即逝，一旦温度下降，茶叶中的香气物质会部分挥发，而我们的嗅觉对于异气的敏感度也会降低。在热闻时，可以采用以下方法：一只手拿住已经倒出茶汤的茶杯（壶或盖碗），另一只手半揭开杯盖（壶盖或碗盖），靠近杯（壶、碗）沿用鼻轻闻或深闻。这个动作看似简单，却蕴含了丰富的技巧。首先，我们要确保鼻子的嗅觉部位靠近杯沿，这样才能最大限度地捕捉茶叶释放出的香气。同时，我们还要注意轻闻和深闻的区别。轻闻时，我们只需要轻轻地吸一口气，让鼻尖与茶叶的香气接触；而深闻时，我们需要深深地吸一口气，让香气充分进入鼻腔，以增加对香气的感知程度。

除了闻香之外，我们还可以将整个鼻部深入杯内接近叶底以增加闻感。这个动作能够让我们更加深入地了解茶叶的香气特征。同时，为了更准确地判断茶叶的香气类型、香气高低以及香气持续时间的长短，闻时应重复一两次。每次闻的时间不宜过长，因为人的嗅觉容易疲劳，闻香过久会使嗅觉的敏感性下降，影响闻香的准确性。一般来说，每次闻香的时间在 3秒左右比较合适。

在热闻的过程中，我们还需要注意一些细节。首先，未辨清茶叶香气之前，杯（壶、碗）盖不得打开。这个细节能够确保我们不会受到其他气味的干扰，从而更加准确地判断茶叶的香气。其次，当滤出茶汤或看完汤色后，应立即闻闻香气。这个动作要迅速、果断，因为热闻的时机稍纵即逝。最后，一手托住杯底，一手微微揭开杯盖，鼻子靠近杯沿轻闻或深闻。这个动作需要注意平衡和稳定，因为热闻时茶叶的温度非常高，一不小心可能会烫伤自己。热闻能够帮助我们准确地判断茶叶的香气类型、香气高低以及香气持续时间的长短，更好地了解茶叶的品质特征和口感风格，从而更好地享受品茗普洱茶的乐趣。

（二）温闻

温闻是品茗普洱茶过程中的另一个重要环节，它通常在热闻之后进行。通过热闻，我们已经对茶叶的香气有了初步的了解，接下来需要进一步了解茶叶香气的持久性和深度。

在温闻时，评茶杯的温度已经下降，手感略温热。此时，茶叶的香气不会过于烫手，也不会感到寒冷，这使得我们能够更加轻松地辨别香气的浓度和高度。在温闻的过程中，应将评茶杯靠近鼻尖，仔细地闻香，并注意体会香气的浓淡。

除了辨别香气的浓度和高度，温闻还可以帮助我们了解茶叶香气的持久性。通过观察香气在一段时间内的变化，可以判断出茶叶香气的持久性如何。此外，温闻还可以帮助我们了解茶叶香气的深度。深度越高的香气，往往会让人感觉更加悠远、深沉。

在温闻的过程中，还需要注意一些细节。首先，评茶杯的温度应适中，不能过于烫手或过于寒冷。其次，闻香的次数不宜过多，一般以 2~3 次为宜，每次闻香的时间也不宜过长，以免影响嗅觉的敏感性。最后，温闻时应注意保持评茶杯的平衡和稳定，以免影响茶叶香气的释放和感知。

通过温闻，我们可以更全面地了解茶叶的香气特征，包括香气的浓度、高度、持久性和深度等。同时，还可以帮助我们更好地享受品茗普洱茶的乐趣。

（三）冷闻

冷闻即闻杯底香，是指经过温闻及尝完滋味后再来闻闻香气，此时评茶杯温度已降至室温，手感已凉，闻时应深深地闻，仔细辨别是否仍有余香。如果此时仍有余香是品质好的表现，即香气的持久程度好。

热闻、温闻、冷闻 3 个阶段相互结合才能准确鉴定出茶叶的香气特点，每个阶段辨别的重点不同，如表 6-1 所示。

表 6-1　普洱茶香气辨别方法和技巧

辨别方法	辨别的重点	注意事项
热闻	香气类型，香气高低，茶叶有无污染味	叶温 65℃以上时，最易辨别茶叶是否有异味
温闻	香气类型和茶香的优劣	在叶底温度 55℃左右，最易辨别香气类型
冷闻	茶叶香气的持久程度	叶温 30℃以下时，辨别茶香余韵，高者为优

鉴赏普洱茶的香气是怡情悦性的一种精神享受。为了更好地闻香，宜选用较大的柱形瓷杯做公道杯。因为瓷质器皿的内壁比玻璃器皿更容易挂香，而且杯的内积大，可聚集更多的茶香，让茶香更饱满，更丰富，五味杂陈，可以更准确地鉴别茶香的优劣。

最后，饮尽杯中茶，再闻一闻杯底留香，借以判断香气的持久性和冷香的特征。

三、普洱茶香的鉴别

好的普洱茶的香气纯正细腻，优雅协调，令人心旷神怡，杯底留香明显而持久。杯底香往往是茶人的最爱，他们喝茶后，不是把杯子直接放下，而是在手中把玩，细细品味残留在杯子底下的最后那一丝丝香气。而杯底中以冷杯香最玄，冷杯香是汤冷了以后的香气。有人会问，茶冷了以后还有香气吗？不知道在你喝茶的时候注意了没有，杯底香往往跟汤底香是紧密联系在一起的，这是表面香之外的香，藏在汤里，驻在水中，挂在杯上。有温度的时候，香会明显一些，没有温度的时候，香会收敛一些，但始终在发散，绵绵密密，若有似无。有时会觉得忽然强势张扬，但仔细去寻找，又无影无踪。

茶树根据树龄、生态环境等都会有不同强度、不同香型的杯底香，包括热香和冷香，习惯上称挂杯香。像老班章、景迈这些茶气强的古树茶，头三泡的杯底香突显而长久，若将饮头几泡的杯子不洗放在一边，冷香有时几个小时后还可闻到。但杯底香只是鉴别古树茶的方法之一，有些树龄数百年的古茶树，长于村边地角，虽树龄久，但杯底香往往不够明显。

在普洱茶气味鉴别中，主要区别霉味与陈香味。有人说陈香味是霉味，这是错误的说法。霉味是一种变质的味道，使人不愉快、不能接受的一种气味。而陈香味是普洱茶在发酵过程中，多种化学成分在微生物和酶的作用下，形成了一些新的物质，这些新的物质所产生的一种综合的香气，犹如老房子的感觉，是一种令人感到舒服的气味。如乌龙茶中的铁观音有"余韵"，武夷岩茶有"岩韵"一样，普洱茶所具有的是陈韵。陈韵是一种经过陈化后，所产生的韵味，只能体会不能言传，但能引起共鸣、领会，激起思古之幽情，引发历史之震撼。

这是普洱茶香气的最高境界，普洱茶纯正的香气具有陈香味和之前介绍的几类香气。有霉味、酸味、馊味和刺鼻的味道都为不正常，要谨慎饮之。

第三节　品其味

古语云"味之有余谓韵"。韵味是茶汤中各种呈味物质比例均衡，入口爽快舒适，滋味厚重馥郁又具有层次变化，让人愉悦地感受到某种超越味道的感觉。这是普洱茶能带给人的更深层次的享受。这种感觉或许能让人在品茗过程中感受到某种美好的意境，而此意境能净化心灵，又能让人获得超脱。陈年普洱茶在陈化过程中的糖化作用，使得茶体转化出的单糖又氧化聚合成多糖，使得其汤入口回甜，久久不去，喉头因此润滑，渴感自解。饮用陈年普洱茶能达到舌面生津的效果，茶汤经口腔吞咽后，口内唾液徐徐分泌，会感觉舌头上面非常湿润，这种感受比较独特。相反，质量不佳的普洱茶，茶汤入口会觉得喉头难受，产生干而燥的感觉，强烈者甚至影响吞咽。

口感，是味觉、闻觉、触觉对茶叶茶汤产生的各种刺激所形成的综合的主观感受。普洱茶的口感源于其水浸出物，而茶叶的本质是基础。通常普洱茶水浸出物为30%～50%，不同类别的物质的口感各有其特性。

一、影响普洱茶风味的物质

（一）茶多酚类的口感

显现口感的主要是茶单宁，也称单宁酸、鞣酸，表现为涩味。涩味是单宁酸在口腔中使蛋白质凝固而产生的收敛感。单宁酸的化学组成复杂，因原料不同而有较大差异，可分为两大类：可水解单宁（又称酯型儿茶素）和缩合单宁。前者刺激性较强，涩味明显，并使口腔感觉"粗糙"；后者刺激性弱，使口腔感觉"爽口""顺滑""涩"，在口感中非常重要，它能促使其他的呈味物质更好地显露滋味，其本身也是"茶气"的表现之一。有些茶入口后涩感重而不散，口腔舌面或上腭明显感觉"腻"或"麻"，这是因为该茶汤中含有较多的可水解单宁，而这类单宁在茶汤温度下降后其水溶解度迅速降低，导致茶单宁析出并残留于口腔中，这是口腔黏膜被过度刺激所致。这类茶单宁同样也会刺激胃肠道黏膜，这是喝茶后胃肠道不适的主要因素。

品质好的茶入口"抓"舌头，但很快松开，这种感觉被称为"化"，这样的茶即便在茶汤温度降低后也不会留有过重的涩底。有茶人把"抓"舌头的力度、"化"的时间长短作为评判茶叶品质的依据之一。

（二）生物碱类

在普洱茶中，生物碱类物质是重要的呈味物质之一。其中，最主要的成分是咖啡因。咖啡因具有苦味，是普洱茶中苦味的来源之一。在茶汤入口后，咖啡因会刺激人的味觉感受器，让人感觉到明显的苦味。

苦味在普洱茶中扮演着重要的角色。它不仅是茶叶的基础口感之一，还对其他口感产生着深远的影响。通常情况下，苦味重者回甘明显，这是因为苦味能够刺激口腔中的甜味感受器，让人感觉到明显的回甘。这种回甘的感觉往往让人愉悦，这也是为什么人们在品味普洱茶时喜欢选择苦味重者。

此外，苦味在口中的刺激程度以及散化的快与慢也是判断茶叶品质的因素之一。优质的普洱茶，其苦味在口中会逐渐散化，不会过于强烈或持久。品质不佳的普洱茶，其苦味不散或过于强烈，易使人产生反感。

除了苦味外，生物碱类物质还具有其他的作用。例如，咖啡因能够刺激中枢神经系统，提高人的警觉性和注意力，具有一定的提神效果。此外，生物碱类物质还具有利尿、消炎、解毒等作用，对人体健康有益。

生物碱类物质带来的苦味是普洱茶的基础口感之一。在选择普洱茶时，需要根据自己的口味和喜好来选择适合自己的茶叶。

（三）氨基酸类

普洱茶中的氨基酸类成分是其独特风味和健康价值的重要组成部分。氨基酸作为构成蛋白质的基本单元，在普洱茶中发挥着多重作用，不仅为茶汤增添了鲜爽口感，还对人体健康产生积极的影响。

普洱茶中的氨基酸种类丰富，包括茶氨酸、谷氨酸、天门冬氨酸等。这些氨基酸在茶叶加工过程中，通过复杂的化学反应，形成了普洱茶特有的香气和口感。特别是茶氨酸，作为茶叶特有的氨基酸，具有鲜爽味和甜味，是普洱茶茶汤鲜爽度的重要来源。

氨基酸在普洱茶中的含量受多种因素的影响。茶叶的品种、生长环境、采摘季节以及加工工艺等都会对氨基酸的含量产生影响。一般来说，生长在优质土壤、气候适宜的环境中的茶树，其茶叶中氨基酸的含量会相对较高。同时，合理的采摘时间和精细的加工工艺也有助于保留茶叶中的氨基酸成分。

普洱茶中的氨基酸对人体健康也有诸多益处。氨基酸是构成人体蛋白质的基础物质，对于维持人体正常的生理功能具有重要作用。普洱茶中的氨基酸易于被人体吸收利用，有助于补充人体所需的营养成分，增强机体免疫力。同时，一些研究还发现，普洱茶中的氨基酸具有抗氧化、抗衰老、降血压、降血脂等多种生物活性，对于预防心血管疾病、延缓衰老等方面具有一定的保健作用。

（四）糖类

糖类物质在普洱茶中扮演着重要的角色，它们不仅是茶叶甜味的主要来源，还对茶叶的口感和香气产生深远的影响。

糖类物质在味觉上表现为甜味。这种甜味在普洱茶中起到了重要的作用，它能够平衡茶叶的苦涩味道，并为茶叶带来一种醇厚的口感。同时，糖类物质的甜香味在闻觉上也有所表现，这种甜香味能够为茶叶带来一种独特的香气，让人感到愉悦和舒适。

糖类物质对普洱茶的口感有很大的影响。在人的本能需要中，糖是首要的，人的味觉和闻觉对甜味都非常敏感，甜味能够让人产生愉快的感觉。因此，糖类物质在普洱茶中的含量必须适中，才能让茶叶的口感更加平衡和醇厚。

糖类物质中的果胶对普洱茶的口感也有着重要的作用。果胶在嫩度适中的茶叶中含量最高，占干物质总量的 3%～5%。果胶具有黏性，能让口腔感觉"稠""滑"，为茶叶带来一种顺滑的口感。在陈化过程中，果胶可降解为水溶性碳水化合物，从而增加普洱茶的滋味和口感。

在选择普洱茶时，我们可以根据自己的口味和喜好来选择适合自己的茶叶。同时，了解糖类物质在普洱茶中的作用，也能够更好地品味和享受茶叶的美妙之处。

（五）芳香物类

芳香物类是普洱茶中一种复杂且独特的呈味物质，它们赋予了茶叶鲜明的香气和味道。这些化合物不仅在口感上起到重要的作用，还对茶叶的整体品质和价值产生深远的影响。

不同品种和不同产地的茶叶所呈现的香味有很大的差异，这种差异主要来源于茶叶中芳香物类的种类、数量和相对比例。例如，云南大叶种普洱茶中的类胡萝卜素含量较高，因此具有浓郁的果香和花香；而小叶种普洱茶中的类黄酮含量较高，因此呈现出清新的果香和花香。此外，不同季节、不同气候条件下的茶叶也具有不同的香气特点。

除了品种和产地环境外，采摘时间和加工工艺也会影响茶叶的香气。一般来说，茶叶的采摘时间越早，其氨基酸含量就越高，而氨基酸是形成芳香物类的原料之一。在加工过程中，晒青、揉捻、发酵等环节都会影响茶叶中芳香物类的合成和积累。例如，晒青可以促进茶叶中芳香物类的形成，而发酵则会导致香气挥发性的降低和分子结构的逐渐加大。

此外，存储条件也会影响茶叶的香气。在存储过程中，茶叶中的芳香物类会发生氧化聚合反应，导致香气挥发性的降低和分子结构的逐渐加大。这也是老茶的香气更加沉稳、浓郁的原因之一。同时，存储环境中的湿度、温度和氧气含量等因素也会影响茶叶中芳香物类的变化和转化。例如，在高温高湿的环境下存储时，茶叶的香气会更加浓郁。

芳香物类是普洱茶中重要的呈味物质之一，它们赋予了茶叶独特的香气和味道。不同品种、不同产地的茶叶所呈现的香气有很大的差异，而且这种差异与茶叶的种植环境、采摘时间、加工工艺和存储条件等因素密切相关。了解这些因素对茶叶香气的影响，有助于我们更好地品味和享受普洱茶的美妙之处。同时，对于茶叶生产者来说，掌握和控制这些因素也是提高茶叶品质的关键之一。

二、普洱茶的风味品鉴

普洱茶通常有甜、苦、涩、酸、鲜等数种味感，也有滑、爽、厚、薄、利等口感，同时还有回甘、喉润、生津等回感。味感、口感、回感等组合而成普洱茶之滋味，各种感觉可能单独存在某一泡普洱茶中，也可能并存，在滋味品鉴过程中需要细细品味。

（一）味感

1. 甜

甜的感觉涓细而绵长，让人感觉丝丝的甜意而不腻。甜味是由碳水化合物经水解或裂解形成糖类或低聚糖造成。甜味不仅小孩喜欢，成年人也会对糖垂涎。但是浓糖甜腻，往往使人又爱又怕，而茶中的淡然甜意是那么清雅，对健康无害。这种淡然甜意更将普洱茶品茗提升到艺术境界。普洱茶属于大叶种的茶叶，成分相对饱和浓厚，经过长期陈化，苦和涩的味道因氧化而慢慢减弱，甚至完全没有了，而糖分仍然留在茶叶中，经冲泡后，慢慢释放于茶水中而有甜的味道。上好的普洱茶，越冲泡到后面，甜味越来越浓。普洱茶汤中的甜味纯正清雅，也最能代表普洱茶的真性。老树乔木茶菁制成的晒青茶经过干仓陈化最能表现甜味。

2. 苦

苦本是茶的原味，古代称茶为苦茶，早已得到了印证。最早期的野生茶，茶汤苦得难以入口，经过我们的祖先长期的培养，由野生型茶树到过渡型茶树，才变成今天的栽培型茶树。虽然这是一连串植物生理学的演变过程，然而站在品著的立场角度，我们比较关心的是由难以入口的苦味，而逐渐苦味淡薄，乃至于平常人能以饮用并视为美味珍品。先苦极后才能回甘，并带给普洱茶品著者那种真道的启示。普洱茶之所以会有苦味，是因为其中含有咖啡碱，茶所以能提神醒目，就是因为这些咖啡碱，对人体神经系统起了兴奋作用的效果。真正健康的普洱茶品著，并非透过苦味去求得提神醒目，而是通过略带苦意的茶汤，达到回甘喉韵之功效。以比较幼嫩等级的茶菁所制成的普洱茶，都带有苦味。至于对苦味的处理，都是以冲泡方法来控制，同时也视各品著者对苦味的接受程度，而泡出适当的苦味茶汤。

3. 涩

涩由脂型儿茶素与口腔细胞中蛋白质发生络合造成，感觉舌苔增厚，口腔内壁增粗，有东西黏附。常听说"不苦不涩不是茶"，其实陈化六七十年以上的陈老普洱茶，苦涩会逐渐褪去。普洱茶有口感比较强的阳刚性普洱，也有口感比较温顺的阴柔性普洱。哪些是刚性的？哪些是柔性的？就是以其苦涩的程度而定，这是最具体的辨别方法。茶有涩感是因为其含有茶单宁成分，普洱茶是大叶种茶菁制成的，所含的茶单宁成分比一般茶叶多，所以新的普洱晒青茶口感十分浓郁，也是涩的口感特别强烈。适当的涩感对于品著者来说是可以接受的，因为涩会使口腔内肌肉收敛，而产生生津作用。涩可以增加普洱茶汤的刚强度，可以满足口感较重的品著者。冲泡苦味和涩味都需注意其技巧与个人接受度。

苦涩是普洱茶一定有的滋味，是鉴别一款茶品质好坏的条件之一。一般而言，树龄短的中小树茶，其汤苦涩较突显而直接，甜感不明显，回甘亦不够。老树茶多数苦涩低于中小树茶，且苦中有甜。一些苦涩很重的老树茶如老班章，虽苦涩重，但苦中带甜且甜感明显，苦涩退得很快，短时间内就会有很好的回甘。好的普洱茶有很明显的"先苦后甜"感，回甘是普洱茶的一大特征，也是人们喜欢饮普洱茶的一个原因，回甘强弱与持久度是鉴别一款茶品质的因素之一。像老班章、景迈这些名山古茶，饮茶后如果没吃其他东西干扰味觉，口腔咽喉的甜滑感可以持续一两个小时。

4. 酸

在普洱茶的世界里，酸味是一种不受欢迎的味道。它会给口腔带来一种尖锐、刻薄的感觉，破坏了茶叶原本的甘甜和醇厚。这种味道会使人的舌头和脸颊变得紧张，甚至会收缩，给人带来一种不愉快的体验。

究竟是什么原因导致了这种酸味的出现呢？茶叶中的酸味物质主要是由原料干燥不及时或发酵过程中堆温不够所引起的。在普洱茶的生产过程中，如果茶叶没有得到及时干燥，或者在发酵过程中没有控制好温度和湿度，就可能导致茶叶中的酸味物质增多。这些物质包括柠檬酸、苹果酸等有机酸，它们使得茶叶的口感变得酸涩。

除了生产过程中的问题，茶叶的保存方式也会影响其口感。如果茶叶在保存过程中受到了不当的保管，例如受潮或受到阳光直射等，也可能会导致茶叶出现酸味。因为这些因素可能会导致茶叶中的化学成分发生改变，从而产生酸味。为了避免普洱茶出现酸味，生产者需要注意控制好发酵温度和湿度，并及时进行干燥。同时，正确的保存方法也是必不可少的。例如，保持茶叶包装的密封性，避免受潮和阳光直射等。此外，消费者在品茗普洱茶时，如果出现酸味，可能是因为茶叶品质不良，这时应该避免饮用。

酸味是普洱茶中需要避免的味道之一。通过了解其产生的原因并采取相应的措施来避免或减少其出现，可以确保我们品尝到口感更加优良的普洱茶。同时，对于生产者和消费者来说，关注茶叶的品质和口感也是非常重要的。只有这样，我们才能更好地享受普洱茶带来的美好体验。

（二）口感

口感是在基于味觉的基础上综合口腔内的其他感受神经共同体会并作出综合感受的评价。口感的形成不仅受茶汤的化学组成影响，还同时受到茶汤密度、黏稠度、悬浊情况、温度等一系列物理因素的影响。

1. 滑

在品鉴普洱茶时，滑是一个非常重要的感官指标。它形容的是茶汤在口腔中的触感，就像一股柔和的流体轻轻地拂过舌面，然后平滑地进入喉咙。这种触感让人感受到一种舒适和安逸，给人一种愉悦的体验。

研究表明，普洱茶中的可溶性糖类、寡糖以及果胶等物质让普洱茶变得如此滑顺。这些物质在茶汤中溶解后，能够包裹住多酚类物质，从而减弱了涩感，增加了滑感。这些物质不仅平衡了茶汤的口感，还让整个品鉴过程变得更加愉悦。

在普洱茶的品鉴中，滑感是非常重要的。如果茶汤不顺滑，可能会给人一种不舒适的感觉。比如，有些新茶或未发酵的晒青茶可能就会让人感到卡喉或者口感清淡，这就是因为它们缺乏那种滑顺的口感。相比之下，老茶或熟茶的滑感通常会更加明显，这也是很多人喜欢喝老茶的原因之一。

滑是普洱茶品质鉴别的重要指标之一。通过了解影响滑感的物质和其作用机制，我们可以更好地品味和享受普洱茶带来的美好感受。同时，对于茶叶爱好者来说，选择那些口感滑顺的普洱茶也是非常重要的。

2. 化

"化"这个词语在描述普洱茶的口感时，其实指的是茶汤在口中的感觉如何变化和消散。这种变化的速度和方式，对于品茗者来说，是判断茶叶品质的重要指标之一。

"入口即化"是指茶汤的滋味在进入口腔停留数秒后能够自然消散，而回味无穷；"入口难化"的茶汤则使其滋味久久停留在舌苔上难以散去，霸占我们的味觉，影响对茶汤滋味的真实感受。

当品茗者品尝普洱茶时，他们会在口中感受茶汤的滋味，并且观察其变化。如果茶汤的滋味能够在口中迅速自然消散，那么就可以说这个茶汤是"化"的。这种"化"的感觉通常被认为是一种好的口感，因为它表明茶汤的滋味是自然、柔和、醇厚的，不会在口中留下任何生涩或不愉快的感觉。相反，如果茶汤的滋味久久停留在舌苔上难以消散，那么就可以说这个茶汤是"不化"的。这种"不化"的感觉可能会影响品茗者对茶汤滋味的真实感受，使得他们难以充分享受茶叶的美妙风味。

在口感上，熟茶通常要比晒青茶更容易得到"化"的效果。这是因为熟茶在制作过程中经过了发酵和渥堆等工序，使得茶叶中的化学成分发生了变化，茶汤的滋味也更加醇厚、柔和。同时，熟茶的发酵过程还会产生一些有利于茶叶品质提升的微生物，这些微生物也会对茶叶的口感产生积极的影响。另外，老茶经过长时间储存之后，茶叶中的化学成分会继续发生变化，使得茶汤的滋味更加丰富、协调。这种长时间的醇化过程也会使得茶叶的口感更加柔和、甘甜，让人感受到一种愉悦的体验。

3. 水

在品茶的过程中，我们常常会感受到水的味道。这种味道并非单纯指水的味道，而是指茶汤中的一种感受。水味通常存在于粗老的晒青茶和发酵新茶中。当茶叶原料粗老时，其呈味物质相对较少，或者在发酵过程中，茶体所处的环境湿度过高，导致茶叶内含物的流失，这些因素都会使茶汤呈现出"水"的感受。

具体来说，当我们品尝这种茶汤时，可能会感受到一种平淡无味的口感，就像喝一杯清水一样。这种水味，往往是在其他味道都消散之后，才会显现出来。它给人一种寡淡的感觉，缺乏深度和层次。

水味在鉴别茶叶的原料老嫩、发酵过程以及保存恰当与否方面，具有重要的作用。通过观察和分析水味，我们可以判断出茶叶的采摘时间、制作工艺以及储存条件等信息。因此，在品茶过程中，我们不仅需要关注茶叶的香气、口感等特征，还需要留意水味的存在及其影响。

4. 厚与薄

厚与薄是茶汤口感评价中重要的指标之一。厚与薄能够直接反映出茶汤的内含物丰富程度、水浸出物的含量以及茶汤的耐泡程度。

厚重的茶汤通常具有质感，能够压住舌头，给人一种浓郁的感觉。这种茶汤一般含有丰富的内含物质，水浸出物含量高，因此会比较耐泡，能够经受住多次冲泡。同时，厚重的茶汤也会给人口感上的满足感，让人感受到茶叶的丰富口感和香气。相比之下，薄弱的茶汤则会让人感到口感轻飘、寡淡，内含物质相对单一，水浸出物含量低。整个茶汤显得轻薄，不协调。这种茶汤在口感上会给人一种清淡的感觉，缺乏深度和层次。

春茶和夏茶在厚薄上也有所不同。春茶由于生长环境优越，内含物质丰富，因此通常会表现出厚重的口感。而夏茶则因为生长环境较差，内含物质相对较少，因此口感上会显得薄弱。此外，投叶量、出汤速度以及出汤前是否加盖焖泡等因素也会影响茶汤的厚薄。投叶量多、出汤慢或出汤前加盖焖泡都会使茶汤变得更加浓稠，口感显厚；相反，投叶量少、快速出汤或经过多次冲泡则会使茶汤中溶出物减少，茶汤滋味自然变得淡薄。

因此，在比较茶汤的厚与薄时，必须在相同的冲泡手法下得到茶汤，进行品鉴。这样才能准确评估茶叶的质量和口感。

5. 爽

爽是指口腔感受到的一种轻盈、清新、爽朗的感觉。在茶叶中，爽口感主要是由氨基酸类、茶多酚、矿物质等成分所共同作用的。

氨基酸类是茶叶中重要的呈味物质之一，它不仅具有鲜爽的口感，而且具有一定的营养价值。在茶叶中，氨基酸的含量会因品种、生长环境、加工工艺等的差异而有所不同。一些氨基酸，如谷氨酸、天冬氨酸等，能够赋予茶叶独特的鲜爽口感。

茶多酚是茶叶中的一种多酚类物质，它对茶叶的口感和质量有着重要的影响。茶多酚具有苦涩的味道，但同时也具有很强的抗氧化作用，对人体健康有益。在茶叶中，茶多酚的含量会因品种、生长环境、加工工艺等的差异而有所不同。

矿物质是茶叶中重要的营养成分之一，它对茶叶的口感和质量也有一定的影响。在茶叶中，矿物质的含量会因品种、生长环境、加工工艺等因素而有所不同。一些矿物质，如钾、钙、镁等，能够增强茶叶的爽口感。

此外，茶叶中的其他成分如可溶性的糖类、有机酸等也会对茶叶的爽口感产生影响。这些成分在茶叶中的含量和比例会也因品种、生长环境、加工工艺等的差异而有所不同。

在品鉴茶叶时，我们需要综合考虑这些成分在茶叶中的含量和比例。不同的品种、生长环境、加工工艺等因素都会影响这些成分的含量和比例，进而影响茶叶的口感和质量。因此，爱好品茶的朋友们应该多了解茶叶的相关知识，通过品鉴不同类型的茶叶，更好地理解和欣赏茶叶的口感和质量。

6. 利

利，也被称为刮喉，是指茶汤在口感上的一种偏激、浓烈、刺激的感觉。当茶汤中的内含物质不协调时，就会出现这种情况。例如，当茶汤中某些内含物质的含量过高，而其他内含物质的含量过低时，就会使得茶汤的口感变得过于浓烈、偏激，甚至刺激味觉和触觉，给品鉴者带来如同利刃在喉的感受。

引起利口感的原因有多种。首先，茶叶本身的内含物质不协调是一个重要因素。一些茶叶在生长、加工过程中，由于自然环境、工艺等因素的影响，会使得某些内含物质的含量过高或过低。例如，茶叶中的茶多酚、咖啡碱等物质含量过高时，会使得茶汤变得浓烈、苦涩，对喉咙产生刺激作用。其次，水质也是引起利口感的原因之一。当泡茶用的水中含有较高的盐离子时，如果茶汤本身比较淡薄，这些盐离子对喉咙的刺激作用就会凸显出来，给品茗者带来利的感受。因此，选择合适的水源对于避免利的口感非常重要。此外，加工手法也会对茶汤的口感产生影响。过度揉捻或物理损伤过重的茶叶，其破碎率高，出汤快，但往往不耐泡。头几泡茶汤可能非常浓厚，但随着内含物质的减少，滋味会变得十分淡薄且单调，给品茗者带来利的感受。

为了避免或减轻利的口感，我们可以采取一些措施。首先，选择品质优良、内含物质协调的茶叶是非常重要的。其次，调整泡茶时的水温、浸泡时间等参数，以平衡茶汤中的各种味道。再次，选择合适的水源也很关键，以保证水质对喉咙的刺激作用最小化。最后，根据个人口感喜好和茶叶质量状况，适当调整泡茶方法也是必要的。

（三）回感

普洱茶的味感与口感是品茗者的真实感受与体会，但普洱茶的品饮不仅仅有这些感受与体会，还会出现饮后回味。主要包括回甘、喉润与生津三部分，此等反应是茶品给予品鉴者的礼物，也是饮后感觉的升华。

1. 回甘

回甘是一种让人难以忘怀的口感体验，它不是一种简单的甜味，而是一种在品味茶汤后，由口腔内产生的甘甜感受。这种体验非常细腻，需要品茗者用心感受。

当品茗一款优质的茶叶时，茶汤会逐渐浸润舌尖，带来一种独特的甜味。这种甜味不同于普通的糖类物质所提供的甜味，它更加柔和、自然，让人感到非常舒适。这种甜味并不会立即消失，而是会在口腔内持续一段时间，并且会伴随着一种甘甜感受。这就是回甘的表现。回甘的体验非常独特，它不同于普通的甜味，而是一种更加细腻、绵长的感受。这种感受让人感到非常愉悦，而且体现了茶叶的高品质和品茗者的品位。

一些劣质的普洱茶可能会出现没有回甘的情况。这种茶汤只有苦涩，在品茗后并没有回甘的感受。这表明这种茶叶的品质较低，不能给品茗者带来愉悦的口感体验。而有些优质普洱茶也会出现不苦而回甘的现象。这表明这些茶叶在制作过程中，通过适当的加工和处理，能够保持茶叶的本味，并且让茶汤给人以甘甜的感受。

回甘是一种非常独特的口感体验，它让人感到愉悦和舒适。在品茗普洱茶时，回甘是一种非常重要的口感指标之一，它可以帮助我们更好地了解茶叶的品质和特点。

2. 回苦

回苦是与回甘相反的口感体验。当品茗一款茶叶时，如果茶汤入口后苦味依旧，甚至在喉咙口持久不散，那么这就是回苦的表现。

在普洱茶的品鉴中，苦味有两种类型。一种是入口即苦，但这种苦味并不会持续太久，而是迅速转化为甘甜，也就是所谓的"先苦后甜"。在这种情况下，茶叶的苦味往往比较浓烈，但很快就会化作甘甜，给人留下深刻的印象。这种苦味的出现可能是由于茶叶中的某些物质，如茶多酚、咖啡碱等含量较高，这些物质在口腔中迅速发挥作用，刺激味觉神经，产生苦味，但随着时间的推移，这些物质逐渐被口腔分解和吸收，从而转化为甘甜。另一种则是茶汤入口并不苦，但随后会逐渐化苦，这种苦味久久不散，给人留下深刻的印象。这种回苦的出现可能是由于茶叶在加工或保存过程中出现了问题。例如，湿仓茶由于保存不当，茶叶受潮或者受到污染，导致其中含有过多的杂质和有害物质，从而产生苦味。此外，杀青不足的粗老茶菁由于加工不当，也会导致其中含有过多的苦味物质，影响口感。

出现回苦的原因除了茶叶的品质问题外，还可能与个人的口感喜好有关。有些人在品茗普洱茶时，喜欢追求浓郁的口感，对于一些较为淡薄的茶汤就会觉得不够刺激，因此会通过增加浸泡时间或者提高水温等方式来增加茶汤的浓度，但这也有可能导致苦味的产生。

在品鉴普洱茶时，不仅要注重回甘的口感体验，也要注意避免回苦的出现。为了防止回苦的出现，我们可以选择高品质的茶叶，避免选择劣变茶、湿仓茶等品质不纯的茶叶。同时，在品茗过程中，要注意控制浸泡时间和水温等，避免过度刺激口感而导致苦味的产生。

通过正确的品鉴方法和选择高品质的茶叶，我们可以更好地享受普洱茶的美妙口感和品味其中的回甘与回苦体验。在品茗过程中，要用心感受茶汤的口感变化和味道的层次感，了解不同茶叶的特点和优劣之分，从而选择适合自己的茶叶。同时，也要注意保持良好的品茗习惯，例如保持清洁的茶具和正确的浸泡方法等，以提高品茗的品质和口感。

3. 润

润，这是个富有诗意的词语，它不仅代表着茶汤的口感，更是茶叶品质和品茗者心境的完美结合。润，是滑的升华，犹如春日的晨露，它需要轻柔的触感，需要时间的打磨。当茶汤在口中滑动，那种润滑、滋润的感觉如丝般顺滑，让人沉醉其中。每一滴茶汤都如同天然的护肤品，滋养着品茗者的喉咙，破除孤闷，带来一种由内而外的润泽。

普洱茶经过适当的陈化后，会呈现出更加圆润的口感。这种润，是岁月沉淀的结果，是时间赋予的魅力。它需要适当的温度、湿度，需要茶叶自身的转化和沉淀。只有经过这样的陈化过程，普洱茶才能达到"喉吻润，破孤闷"的境界。新茶要达到润的程度，需要经过精心的加工和调制，才能使茶叶中的各种成分达到平衡，使茶汤在口感上达到润的标准。这需要茶叶原料的质量、加工工艺的精准和品茗者的耐心品鉴。

在品茗过程中，润的体验不仅仅是一种口感，更是一种心境。当茶汤滑过喉咙，那种滋润的感觉如同春雨滋润干涸的土地，让人心生欢喜。在品茗者适应了茶汤的滋味和口感后，润的感觉会越来越明显，越来越深入人心。润是茶叶品质和品茗者心境的完美结合，是岁月和时间赋予普洱茶的独特魅力。在品茗普洱茶时，让我们一起感受那深深的润意，一起品味那由内而外的润泽。

4. 生津

"津，唾液也"。生津也就是口腔中分泌出唾液之后的感觉。普洱茶的原料为大叶种晒青毛茶，茶叶内含成分丰富，特别是酯型儿茶素（EGCG、ECG 等）含量高，由涩而生津，生津功能特别强。部分较劣等茶品，品饮后始终觉得口腔内部卷起，两颊肌肉痉挛般难受，舌苔增厚，但无生津之感。这种涩而不能生津，称之为"涩化不开"。

生津具体细分为两颊生津、齿颊生津、舌面生津、舌底鸣泉（舌下生津）等。

（1）两颊生津。两颊生津为生津中最为激烈的一项。茶汤入口后，因为呈涩物质刺激口腔两侧内膜而分泌出唾液，因此而造成的生津属于"两颊生津"。两颊生津所分泌的唾液，通常比较多而强。这种生津在口感上，会觉得比较粗野且急促，口中有大量唾液，挤满整个口腔，从而使生津之感非常强烈。早春茶或幼嫩涩感较足的茶品两颊生津较为明显，体内失水过多，多选具有两颊生津效果的茶品，冲泡饮用解渴效果特别好。

（2）齿颊生津。品饮普洱茶过程中，茶汤在口中流动，单宁类物质刺激两颊与牙齿之间内膜，促使分泌唾液而产生生津。齿颊生津与两颊生津不仅生津位置不同，感觉更是不同。两颊生津如瀑布洪泄，粗野而急促；齿颊生津则如涓涓溪流，柔细而绵长，浸润之处，温润而甘滑。齿颊生津在熟茶轻发酵工艺产品品饮过程中感觉较为鲜明，饮后，齿颊之间如绵长溪水，丝丝甘泉，余水不绝。

（3）舌面生津。在品饮过程中，涩感化得较快的茶品，饮后在舌面上会有一层湿润的浆液，从而产生舌面生津的现象。茶汤经口腔吞咽后，口内唾液徐徐分泌出来，在舌头的上面，温润柔滑、缓和细致。同时，舌面好像在不断地分泌唾液，然后流到舌头两边口腔。历经 3~5 年醇化后的普洱茶，基本都能达到舌面生津的效果。一般的晒青毛茶原料，加工良好，涩感充足，都可感觉到舌面生津，只是强弱不同而已。

（4）舌底鸣泉。茶汤进入舌底与下牙床交替处，因生津而感觉有"泡泡"冒出，这样的现象，也称"舌下生津"。品饮醇化时期较长的普洱老茶，茶汤经过口腔接触到舌头底部，舌头底面会缓缓生津，会不断有涌出细小泡泡的感觉。这是因为茶多酚在醇化过程中，经氧化、水解、合成、裂解等大规模的化学反应，已经不能刺激两颊或舌面生津，但是新合成的一些物质成分，会起到激起舌底鸣泉的作用。舌底鸣泉生津过程更加缓和持续，生津现象更加细致轻滑，生津感受更加柔顺安详。在品饮陈年普洱茶的时候，茶汤极为柔和，经过口腔接触到舌头底部，舌底会缓缓生津，仿佛不断涌出细小的泡沫，这种舌下生津的现象，才是真正的舌底鸣泉。

要想品出普洱茶汤之味，是需要讲究些技巧的。切忌像喝饮料一样的"牛饮"，这样连茶是什么滋味都还未尝到，就已经喝饱了。大体的原则：小口慢饮，口内回转，缓缓咽下。茶汤入口之时，应将口腔上下尽量空开，闭着双唇，牙齿上下分离，增大口中空间，同时口腔内部肌肉放松，使舌头和上颌触部的部位形成更大的空隙，茶汤得以浸到下牙床和舌头底面。吞咽时，口腔范围缩小，将茶汤压迫入喉，咽下。在口腔缩小的过程中，舌头底下的茶汤和空气被压迫出来，舌底会有冒泡的感觉，这种现象就叫作"鸣泉"。品茶要品出境界，贵在茶好水好之外，还要有一种品茶的好心情，才能凝精聚神地穿透茶的本质，提升到感悟的精神意境。

在掌握了这些简单的品尝方法后，再次品尝普洱茶，便可品出普洱茶陈香所透露出的深厚历史韵味，彰显返璞归真的自然真性。

第四节　辨其"气"

一、普洱茶之"气"

茶气，亦称"茗气"，即蒸煮茶叶的热气。唐代项斯《山行》诗曰："蒸茗气从茅舍出，缲丝声隔竹篱闻。"许观《赠张隐君》诗曰："茶气拂帘清簟午，想应宾主正高谈。"明代程用宾《茶录》："辨气者，若轻雾、若淡烟、若凝云、若布露，此萌汤气也；至氤氲贯盈，是为气熟，已上则老矣。"明代许次纾《茶疏》：蒙茶"来自山东者，乃蒙阴山石苔，全无茶气，但微甜耳"。

对于茶气有以上两种意思，但普洱茶不同于一般的茶叶，普洱茶的茶气更丰富，在邓时海的《普洱茶》中，可以找到这样一段论述，可以看作对此的解释："茶气对大多数品茗者来说，还是非常含糊的。如有人说'这道茶的气很强'，大致上可以从以下几个层面去理解：一是指茶香很强；二是指茶汤很浓；三是指茶叶的成分很足，茶汤的口感很酽；四是指茶叶中成分很重，茶汤苦、涩味很强；五是只有极少数品茗者，由于体认茶气的气感，而正确指出了茶气很强。"

道家修身养性的方式是"炼精化气，炼气冲神，炼神返虚"。在中华民族传统文化中，气的地位尤为突出，且有着超乎科学的神奇境界。气是人体赖以生存的物质之一，是脏腑百骸活力的基础。《黄帝内经》形容它如雾露一样地灌溉全身，有"熏肤、充身、泽毛"的作用。

茶气是茶叶能量释放的表现，凡茶皆有茶气，但一般茶由于受内含物与制作方式等影响，茶气不够强烈。可以通过闻茶香、品滋味、闻杯底、感悟身体反应等方式来感受茶气。普洱茶的气味随土性而异，茶气足不足与普洱茶品质及其茶多酚、咖啡因的含量有关。普洱茶的"茶气"强弱与种植地土壤元素（微量元素）有关。

科学家公认，中国西南部的西双版纳是茶树的原产地。那么依据是什么呢？6000万年前，地球上发生了可怕的地质巨变，恐龙等生物遭受了灭顶之灾，而只有中国西南部等极少数地区幸免于难，茶树种籽开始在这些温暖的地方生根、发芽，对大多数生物来说，火山喷发是一场很大的灾难。然而，对茶树而言，可能是上天最好的恩赐。火山灰沉积形成的弱酸性偏砂质赤壤，土质疏松，透气性好，最适宜茶树生长；频繁的地壳运动形成磁场，使地质中丰富的微量元素不断溶入土壤，给茶树带来丰富的营养。森林吸取地层下丰富的矿物质和养分，通过新陈代谢，落叶归根，形成极为肥沃的红壤土。红壤土最为适合植物的生长，加上气候的适中，云南有"植物王国"的美誉。

古往今来品茗者千千万万，有几人能真正体会到茶气美妙？一来真懂得品尝茶气者不多，二来有茶气的好茶得来不易。一般品茗者，茶气敛进其经络后，只感觉到全身体内激荡一股热气，接着毛孔轻轻发出微汗。但也有人误以为喝了太热的茶汤之后就会产生茶气。其实，喝了太热的茶汤，如喝了烈酒一样，促进血液循环加快，能使体温升高而发汗。真正茶气到了体内，是促进经络中真气的运行，使体温升高而发汗的。当然，茶汤太热和茶气同时在身体内部，促成体内发热而发汗者，应该是最常见的。那些由茶气所激发出的是轻汗，是轻薄而微细的汗；而热茶汤所逼出来的，可能是较多的热汗，甚至汗流浃背。

因此，普洱茶的品茗，以温喝最为适宜，如太热喝，热气盖过了茶气，结果只是血液循环加快而发汗；如果茶汤凉后才喝，凉汤降低了体温，不易引起热感，无法臻至飘然欲仙的境界！有经验的普洱茶品茗者，对茶气是特别敏感的，当茶汤饮进口中，就已经能分辨出茶气的强弱，气强者对口腔会形成一种"筋道"的感受。就如一位中医将某种药材放到口中咬嚼，就能分辨出其药性是热性或寒性。喝了茶气强的茶汤，很快就会打嗝，接着有一股热气在胸腹中涤荡、腾然，毛孔也因之松弛开放，微汗或汗气徐徐得以抒发。再继续品饮，正如茶仙玉川子所描述的，一直喝到七碗茶时，茶气生清风，使人飘然欲仙！

二、普洱茶的辨气之法

上面我们分析了什么是茶气，但每个人都只从自己的思维或者认识较深的茶叶去解释，这不免有些片面。下面我们从眼睛、鼻子、口腔、体感等四个方面认识普洱茶气。

（一）普洱茶气——观

普洱茶，以其独特的制作工艺和品茗文化，成为茶中珍品。在普洱茶的制作和冲泡过程中，它所散发出的热气，给人们带来了别具一格的感官体验。这种热气，不仅包括蒸煮茶叶时散发出的热气，也涵盖冲泡茶叶时释放出的热气。它们以两种形式呈现：一种是敷在茶汤表面的热气，这种热气轻盈而弥漫，给人一种温暖而舒适的感觉；另一种是漂浮在空气中的热气，这种热气相对较为稀薄，但却有一种独特的芬芳和清香。

虽然，茶气并不足以证明普洱茶的好坏，但是会给人带来愉悦的感受，可以作为评判普洱茶品质的标准之一。

在品茗普洱茶时，我们不仅需要关注茶气的视觉感受，更需要深入探究茶叶的品种、产地、制作工艺等因素。这些因素都会影响普洱茶的品质和口感。同时，个人的身体状况和心理状态也是影响品茗体验的重要因素。只有在全面了解和考虑这些因素的基础上，我们才能更好地理解和欣赏普洱茶的独特魅力。

（二）普洱茶气——闻

在品茗普洱茶的过程中，茶气所散发出的香气是一种极为重要的感官体验。这种香气具有浓郁的特色和独特的魅力。这种茶气多被称为"茶香气"或"香气"，与口腔里的茶味香气有着明显的区别。

当我们闻普洱茶的香气时，可以感受到它所散发出的芬芳、清香或是沉稳的陈香。这种香气可以透过鼻腔直接进入我们的嗅觉受体，让我们沉浸在一种独特的氛围中。不同品种、产地、制作工艺和冲泡方式的普洱茶，其香气也会有所不同。因此，这种香气也是评判普洱茶品质的一个重要指标。

近年来，随着普洱茶的受众人群不断扩大，一些地区的茶客们逐渐重视起普洱茶的香气。他们认为，这种香气是普洱茶的魅力所在，也是选择茶叶时的重要考虑因素。因此，一些茶叶商家也开始将普洱茶的香气作为宣传的重点，以满足消费者对于这种独特茶气的需求。

（三）普洱茶气——品

当我们品尝普洱茶汤时，有时会在口腔中产生一种强烈的气感。这种气感可能来自茶汤的浓度、内含物质的丰富程度，以及苦、涩、香等滋味的强烈程度。这种口腔中的气感被许多人称为"茶气"。

茶气的感受因人而异，但通常被认为是一种衡量普洱茶品质的重要指标。一些高品质的普洱茶，其茶汤在口腔中会产生强烈的感触，让人感觉仿佛有一股气在口腔中流动。这股气可以带来一种独特的愉悦感受，让人感到舒适而放松。

口腔中的气感受多种因素影响。例如，茶汤的浓度和内涵物质的丰富程度可以影响气感的强烈程度。如果茶汤浓度高，内涵物质丰富，那么在口腔中产生的气感就会更加强烈。此外，苦、涩、香等滋味的强烈程度也会影响气感的感受。如果这些滋味很强烈，那么在口腔中产生的气感也会更加强烈。

对于一般喝茶者来说，描述茶气可能是一项挑战。因为这种感受往往比较主观，难以用精确的语言进行描述。然而，我们可以通过观察茶汤的颜色、闻香、品尝等步骤来感受口腔中的气感。在品尝普洱茶时，我们可以留意茶汤的颜色是否明亮、香气是否浓郁、口感是否醇厚等指标，从而感受茶气的存在。

（四）普洱茶气——感

普洱茶气的体感，是指人体在品茗普洱茶的过程中，通过与茶气的互动所产生的一系列生理反应。这些反应包括打嗝、放屁、后背发热、手心冒汗等现象，以及在精神层面可能产生的联想、遐想、追忆等造成的呆滞现象。

普洱茶气的体感与人体内的神经、经脉等多种器官的互动有关，也与个体所处的环境有关。这些器官和环境因素共同作用，使得每个人在品茗普洱茶时会有不同的感受。

普洱茶气的体感或产生什么样的体感与个人的身体状况有关。比如，有些人在喝了普洱茶之后可能会打嗝或放屁，这可能与他们的肠胃功能有关。而人则可能会出现后背发热或手心冒汗等反应，这可能与他们的血液循环系统有关。

此外，普洱茶气的体感还可能与个体所处的环境有关。比如，在品茗普洱茶时所处的氛围、环境温度、湿度等因素都可能影响人体的感受。这些环境因素可能会影响人体对普洱茶气的敏感度，从而影响个体对茶叶品质的判断。

在品味普洱茶时，我们需要综合考虑多个因素，包括口感、滋味、汤色等，才能更好地判断茶叶的品质。

第五节　试其久

久是指普洱茶的耐泡度，具体来说是普洱茶经过多次冲泡后，其汤色口感的变化程度。茶类不同，其耐泡程度也不一样。人们在日常生活中，常有这样的体会，袋泡红茶、绿茶及花茶，一般冲泡一次后就将茶渣弃掉了。因为这种茶叶在加工制造时通过切揉，充分破坏了叶细胞，形成颗粒状或形状细小的片状，茶叶中的有效内容冲泡时很容易被浸出来，因此其耐泡度程度较低。而普洱茶的原料一般选择较为粗老的茶叶，这类茶叶的内含物质更加丰富，叶质也更加肥厚。在加工过程中，普洱茶不经过切碎、揉捻等工序，而是直接进行杀青、揉捻和干燥，最大限度地保留了茶叶的完整性。因此，在冲泡时，茶叶中的有效成分能够缓慢而持久地释放出来，使得普洱茶具有较长的耐泡期。

一、影响普洱茶耐泡度的因素

（一）茶叶的品种和产地

普洱茶的耐泡度，首先取决于其品种和产地。不同的普洱茶品种，拥有自身的生长特性，这使得它们在耐泡度上有所差异。一般来说，古树茶的耐泡度要高于台地茶和荒山茶。这是因为古树茶在长期的生长过程中，积累了更为丰富的内含物质，包括茶多酚、氨基酸、矿物质等。这些物质在冲泡过程中，会逐渐释放出来，使得茶汤更加醇厚、口感更加丰富。

同时，产区也是影响普洱茶耐泡度的因素之一。不同产区的普洱茶，由于生长环境、气候条件和土壤肥力存在差异，其茶叶内含物质的种类和含量也会有所不同。例如，云南勐海、勐腊等地的普洱茶通常比较耐泡，这是因为这些地区的茶叶生长环境优越，气候条件适宜，土壤肥沃，有利于茶叶内含物质的积累。

（二）茶叶的采摘和加工工艺

茶叶采摘的嫩度是影响普洱茶耐泡度的因素之一。嫩叶含更多的幼嫩细胞和丰富的氨基酸、茶多酚等物质，相对于老叶来说，具有更高的耐泡度。这些内含物质在冲泡过程中会逐渐释放出来，使得茶汤更加醇厚、口感更加丰富。

揉捻是普洱茶加工过程中一个至关重要的工序，它通过物理作用破坏茶叶细胞，使内含物质得以释放。适当的揉捻可以有效地增加茶叶的耐泡度。这是因为揉捻使得茶叶细胞壁破裂，释放出更多的内含物质，这些物质在后续的冲泡过程中逐渐释放，从而提高了茶叶的耐泡度。然而，过度揉捻可能会对茶叶造成损害，导致茶叶破损，反而会影响其耐泡度。因此，在揉捻过程中，掌握适当的力度和时间是非常关键的。

发酵也是普洱茶加工过程中的一个重要环节。经过适当的发酵，普洱茶中的物质会发生转化，形成其独特的品质和口感。发酵也会对茶叶的耐泡度产生影响。一般来说，经过适当发酵的普洱茶，其内含物质会更加丰富，从而增加了茶叶的耐泡度。而过度发酵可能会导致茶叶品质下降，从而降低其耐泡度。

（三）茶叶的存储方式

普洱茶的存储方式对其耐泡度有着重要的影响。如果存储不当，可能会导致茶叶受潮、变质，从而影响其耐泡度。因此，正确的存储方式对于保持普洱茶的品质和耐泡度非常重要。

普洱茶的存储环境应当清洁、干燥、通风良好。如果茶叶长期处于潮湿的环境中，可能会导致茶叶发霉、变质，从而影响其耐泡度。因此，在存储普洱茶时，应当选择清洁、干燥的环境，并保持通风良好。

普洱茶的存储温度也对其品质和耐泡度有一定的影响。过高的温度会导致茶叶中的内含物质加速氧化，从而影响茶叶的品质和耐泡度。因此，在存储普洱茶时，应当选择适宜的温度，以保持茶叶的品质和耐泡度。

普洱茶的存储时间也会影响其耐泡度。随着时间的推移，茶叶中的内含物质会逐渐释放出来，从而影响其耐泡度。因此，在品鉴普洱茶时，我们也需要考虑其存储时间，以全面评估其品质和耐泡度。

（四）冲泡技巧

冲泡技巧对普洱茶的耐泡度有着重要的影响。正确的冲泡技巧可以充分提取茶叶的内含物质，展现其独特的口感和香气，而错误的冲泡方法则可能导致茶叶内含物质的过早释放，从而影响其耐泡度。

注水方式是影响普洱茶耐泡度的关键因素之一。不同的注水方式会导致茶叶中内含物质的释放速度不同。一般来说，采用悬壶高冲的方式可以更好地控制水流的力度和速度，使得茶叶的内含物质能够缓慢均匀地释放出来，从而提高普洱茶的耐泡度。

泡茶时间也会影响普洱茶的耐泡度。泡茶时间过长可能会导致茶叶中的内含物质过度释放，从而影响其耐泡度。因此，在品鉴普洱茶时，需要根据茶叶的品种、质地和口感等因素来合理控制泡茶时间。一般来说，可以采用"短泡多冲"的原则。首次冲泡时，时间不宜过长，5~10秒即可，这样可以使茶叶初步展开，释放出一部分内含物质。随着冲泡次数的增加，每次冲泡的时间可以逐渐延长，但也不应过长，以免茶叶中的苦涩成分过度释放。

水温也是影响普洱茶耐泡度的因素之一。过高的水温会导致茶叶中的内含物质过度释放，从而影响其耐泡度。因此，在品鉴普洱茶时，需要根据茶叶的品种和质地等因素来合理控制水温。对于新生茶（3年以内）来说，水温可以稍低一些，大约在90℃~95℃，以避免茶叶被烫熟，出现"熟汤味"。而对于有一定年份的生茶（3年以上），则可以使用100℃的沸水冲泡，以充分激发茶叶的香气和滋味。不过，即便是用沸水冲泡，也需要注意控制冲泡的节奏和时间，避免内含物质过快过多地释放。普洱熟茶因为经过人工发酵，茶叶中的内含物质已经比较稳定，因此可以使用100℃的沸水冲泡。这样不仅可以更好地激发茶叶的香气和滋味，还可以让茶汤更加醇厚和顺滑。在冲泡过程中，可以根据茶叶的质地和紧压程度来调整冲泡的节奏和时间。

正确的冲泡技巧可以充分提取茶叶内含物质，展现其独特的口感和香气，而错误的冲泡方法则可能导致茶叶内含物质的过早释放，从而影响其耐泡度。因此，在品鉴普洱茶时，我们也需要掌握正确的冲泡技巧，以全面评估其品质和耐泡度。

（五）树龄和采摘季节

通常树龄越大的普洱茶，其茶叶内含物质越丰富，因此其耐泡度也越高。原因在于，随着树龄的增长，茶叶的内含物质会逐渐积累。这些物质包括茶多酚、氨基酸、矿物质等，它们在冲泡过程中逐渐释放出来，使得茶汤更加醇厚、口感更加丰富。

春季和秋季是茶叶生长和采摘的主要季节，此时的茶叶内含物质丰富，耐泡度较高。主要是因为春季和秋季的气候条件适宜，光照和温度都相对稳定，有利于茶叶内含物质的积累。而夏季高温多雨季节，茶叶的生长速度加快，内含物质的含量却相对较低，因此其耐泡度会有所降低。

此外，不同地区的生长环境、气候条件和土壤肥力也会影响普洱茶的耐泡度。例如，在高原地区生长的普洱茶，由于气温较低、光照充足、土壤肥沃，其茶叶内含物质的积累较多，耐泡度相对较高。主要是因为高原地区的气候条件较为特殊，茶叶的生长周期较长，有利于内含物质的积累。

上述这些因素相互作用、相互影响，共同决定着普洱茶的品质和耐泡度。在品鉴普洱茶时，我们需要注意这些因素的综合作用，以全面评估其品质和耐泡度。同时，对于消费者来说，选择老树茶叶、适宜采摘季节的普洱茶以及了解茶叶的生长环境也是提高品鉴体验的关键。

（六）气候和土壤条件

普洱茶的耐泡度深受气候和土壤条件的影响。适宜的气候条件以及肥沃的土壤环境，为普洱茶的生长和内含物质的积累提供了优越的条件。

气候条件中的光照、温度和湿度等因素，都对普洱茶的生长和内含物质的积累产生重要影响。充足的光照、适宜的温度以及适中的湿度非常有利于普洱茶的生长和高品质的形成。例如，在高原地区，由于气候寒冷，日夜温差大，光照充足，湿度适中，这些因素共同作用使得普洱茶的生长周期变得较长，茶叶内含物质有更多的时间进行积累，因此其耐泡度相对较高。

土壤条件也会对普洱茶的品质和耐泡度产生决定性的影响。肥沃的土壤富含矿物质和有机质，这些元素对于茶叶内含物质的积累和品质的形成至关重要。例如，在土壤肥沃的高原地区生长的普洱茶，由于能够从土壤中获取丰富的营养物质，茶叶内含物质丰富，因此其耐泡度相对较高。

不同的气候和土壤条件还会影响普洱茶的香气、口感、色泽等品质特征。这些因素综合起来，使得不同产区的普洱茶有其独特的风味和特点。

影响普洱茶耐泡度的因素有很多，包括品种、产区、采摘和加工工艺、存储方式、冲泡技巧、树龄和采摘季节以及气候和土壤条件等。因此，在品鉴普洱茶时，我们需要综合考虑多个因素，以全面评估其品质和耐泡度。

二、普洱茶耐泡度的判断

茶叶的耐泡程度与茶叶嫩度固然有关，但更重要的在于加工后茶叶的完整性。加工越细碎的，越容易使茶汁冲泡出来；越粗老完整的茶叶，茶汁冲泡出来的速度越慢。普通绿茶通常可冲泡 3～4 次，铁观音之类的乌龙茶素有"七泡留余香"之美名，即只能泡七八泡。

而普洱茶，应该是诸多茶品里最耐泡的茶了，它之所以耐泡，是因为其拥有丰富的内含物质。普洱茶历经了数百上千年的生长，它的叶芽上积攒了丰富的营养物质，在饮用时必然要经过多次冲泡才能释放完毕，这就是我们感觉到它经久耐泡的原因。

在正常冲泡下，普通普洱茶基本能冲泡 10～20 泡。而且每一次的出汤都会有一些细微的变化，晒青茶刚冲泡时由于浸泡尚浅茶叶还没有完全舒展，所以一开始的感觉更多的只是表面上的苦感，直到五六泡时才真正呈现出茶的内质感觉，而至 10 泡左右时就是体现其茶品厚度的时候；熟茶刚冲泡时会有一些很粗浅的感觉，一是感觉很浓，二是新制的熟茶会有一些渥堆留下的味道，至五六泡时茶汤就会变得很透亮，呈红酒色，在口味上也会醇厚得多，不再有多余的杂味，微甜、细腻、顺滑，似乎不用吞咽都会自行流向喉咙，至 20 泡左右汤色变浅，甘甜如冰糖水。有些古树茶甚至可以冲泡 40 余泡。

普洱茶有甜、酸、苦、涩、鲜之味感，醇、厚、滑、薄、利之口感，回甘、喉润、生津之回感。生津之趣亦妙，两颊生津如瀑布洪泄，粗野而急促；齿颊生津如涓涓溪流，柔细而绵长；舌面生津如温润甘露，娇柔而细致；舌底鸣泉如丝丝清泉，轻滑而安详。品鉴过程亦是享受过程，把握好质、量、度和时间，就能品出真味。

第六节 普洱茶冲泡体验

第一泡：温润。这一泡主要是让茶叶充分展开，同时让茶叶的温度适中。茶叶的温润感主要来源于茶叶内含物质的释放和热水的浸泡。这一泡的口感温润、柔和，能够初步展现出普洱茶的品质和特点。

第二泡：养气。这一泡开始进入正式品鉴阶段，能够体现普洱茶的发酵程度和茶叶内含物质的丰富程度。这一泡的口感通常比较醇厚，具有一定的养气作用，能够帮助消化、促进血液循环等。

第三泡：气韵迸发。这一泡开始进入普洱的精髓阶段，能够体现茶叶内含物质的充分释放和相互作用的成果。这一泡的口感通常比较浓郁，具有一定的气韵迸发力，能够带来独特的体验和感受。

第四泡：风韵犹存。这一泡在保持普洱茶原有风韵的基础上，能够展现出茶叶内含物质的进一步转化和提升。这一泡的口感通常比较稳定，具有一定的风韵犹存感，让人回味无穷。

第五泡：柔中带刚威力无比。这一泡在保持普洱茶柔顺口感的同时，能够展现出茶叶内含物质的丰富和转化程度。这一泡的口感通常比较饱满，具有一定的柔中带刚威力无比的感觉，让人感受到普洱茶的深厚内涵和力量。

　　第六泡：犹抱琵琶半遮面回忆茶。这一泡开始进入普洱茶的后段阶段，能够展现出茶叶内含物质的进一步转化和提升。这一泡的口感通常比较细腻，具有一定的犹抱琵琶半遮面的感觉，让人回味无穷、回忆过去的美好时光。

　　第七泡：宁静而致远（气浪在体内收缩似的酸胀感突出）。这一泡在保持普洱茶原有特点的同时，能够展现出茶叶内含物质的进一步转化和提升。这一泡的口感通常比较独特，具有一定的宁静而致远的感觉，让人感受到普洱茶的独特魅力和深远影响。

　　第八泡：自在茶。这一泡在保持普洱茶原有特点的同时，能够展现出茶叶内含物质的进一步转化和提升。这一泡的口感通常是自由自在的感觉，让人感受到普洱茶的无拘无束和自由奔放的精神内涵。

第七章 普洱茶的评鉴

在介绍普洱茶的品鉴要素时已提出，普洱茶的种类繁多，依制法分为晒青茶和熟茶；依存放方式分为干仓普洱和湿仓普洱；依外形分为饼茶（七子饼）、沱茶、砖茶、散茶等。接下来，我们将从看干茶、观汤色、闻茶香、品滋味等方面来介绍一些普洱茶的评鉴。

第一节　干茶评鉴

一、干茶评鉴内容

形状：普洱茶的外形多种多样，从小到大，从短到长，从细到粗，每种形状都有其独特之处。一般来说，优质的普洱茶外形规格整齐，茶叶条索完整，能看出它的生产过程非常讲究。同时，轻重得当，松紧适中，匀整度好，这样的普洱茶品质更佳。

整碎：普洱茶的整碎程度对其品质影响很大。好的普洱茶，其条索或颗粒应该大小、长短和粗细均匀，上、中、下各段茶比例匀称。这样不仅让普洱茶整体的食用体验更加协调，也让茶叶整体的食用价值更加完美。

色泽：普洱茶的颜色是其品质的重要体现。色泽油润、红浓、金黄等色深的普洱茶，往往品质较好。色泽暗淡、深浅不一、无光泽的普洱茶，品质相对较差。同时，茶色的润枯、鲜暗等特征也可以作为判断普洱茶质量的参考依据。

净度：净度是指普洱茶中夹杂物的含量。优质的普洱茶应该尽可能不含杂质，能看出它的生产过程非常讲究。非茶类夹杂物如杂草、树叶等，以及茶类夹杂物如梗、籽、朴、片等都会影响普洱茶的净度。夹杂物含量过高会降低普洱茶的整体品质。

通过对外形的观察，我们可以对普洱茶的品质有一个初步的判断。但需要注意的是，外形只是判断普洱茶品质的因素之一，要全面评估普洱茶的品质还需要考虑其他因素，如内质、口感等。

二、干茶评鉴术语

端正：在茶叶的形态中，端正是指茶叶的形状、大小、比例等都非常协调，无任何破损或残缺。这种形态的茶叶通常给人一种整齐、精致的感觉，是优质茶叶的重要特征之一。

松紧适度：在压制茶叶的过程中，松紧适度是指茶叶的填充程度适中，既不太松散，也不太紧实。这种形态的茶叶在泡茶时，能够充分地散开，茶叶的香气和口感都能够得到充分的展现。

平滑：平滑是指茶叶表面平整，无任何凸起、凹陷或颗粒感。这种表面光滑的茶叶不仅看起来更加精致，而且能够让茶叶整体的食用体验更加顺畅，不会影响口感。

锋苗：锋苗是指茶叶的嫩尖部分，通常是指茶叶的芽头和细嫩的叶片。这部分茶叶细嫩、紧卷，具有很强的生命力，是茶叶中的精华部分。锋苗好的茶叶，不仅看起来精致，而且能够让茶叶整体的食用价值更加完美。

重实：重实是指茶叶的质地重，拿在手中有沉甸甸的感觉。这种质地的茶叶通常含有较多的茶多酚、氨基酸等营养成分，是优质茶叶的重要特征之一。

壮结：壮结是指茶叶条索肥壮结实，看起来饱满、紧致。这种形态的茶叶通常具有较高的内含物含量，泡茶时能够散发出浓郁的香气，口感颇佳。

轻飘：轻飘是指茶叶条索轻飘，看起来比较松散，没有结实的感觉。这种形态的茶叶通常质量较差，缺乏内含物，泡茶时香气，口感不足。

粗松：粗松是指茶叶的形态粗糙、松散，看起来缺乏精致感。这种形态的茶叶通常是由于采摘或加工不当导致的，缺乏内含物，口感较差。

芽头：芽头是指未发育成茎、叶的嫩尖，通常质地柔软、茸毛多。这种嫩尖部分是茶叶中的精华之一，含有丰富的营养成分和茶多酚等物质。

茎：茎是指未木质化的嫩梗，通常比较细嫩。茎在茶叶中扮演着重要的角色，它能够将养分运输到叶片和芽头部分，促进茶叶的生长和发育。

梗：梗是指着生芽叶的已木质化嫩枝，通常指当年青梗。梗是茶叶中的另一个重要组成部分，它能够为茶叶提供持久的香气和口感。

金毫：金毫是指嫩芽上带有金黄色的茸毫，通常给人一种高贵、华丽的感觉。这种茸毫富含茶多酚和氨基酸等营养成分，让茶叶整体的食用价值更大。

显毫：显毫是指茶叶表面含有较多的茸毛，看起来比较柔软、细腻。这种形态的茶叶通常表明其采摘和加工都非常讲究，是优质茶叶的重要特征之一。

猪肝色：猪肝色是指红中带暗的颜色，看起来类似猪肝的颜色。这种颜色的茶叶通常具有一定的发酵程度，是普洱茶中的经典颜色之一。

棕褐：棕褐是指褐中带棕的颜色，通常给人一种沉稳、成熟的感觉。这种颜色的茶叶通常经过一定的发酵和处理，具有一定的陈年潜力。

褐红：褐红是指红中带褐的颜色，通常给人一种浓郁、热烈的感觉。这种颜色的茶叶通常经过一定的氧化和处理，具有一定的发酵程度。

黑褐：黑褐是指褐中带黑的颜色，通常给人一种沉稳、厚重的感觉。这种颜色的茶叶通常经过长时间的陈化和氧化处理。

第二节　汤色评鉴

一、汤色的评鉴内容

茶品汤色的审评是一个非常重要的环节，它直接关系到茶叶品质的评估和品鉴。汤色的审评主要从色度、亮度和清浊度三个维度进行。

色度是指茶汤的颜色，它与茶树品种和鲜叶的老嫩程度密切相关。不同的茶叶品种和采摘时间，都会对汤色产生影响。例如，绿茶的汤色通常清澈透明，红茶的汤色则呈红亮色泽。此外，茶叶的加工工艺也会影响汤色，如发酵程度、焙火程度等。

亮度是指茶汤的明暗程度。一般来说，亮度好的茶汤品质也较好。这是因为茶叶的亮度和其内含物质丰富度有关，亮度好的茶汤通常含有丰富的茶多酚、氨基酸等营养成分。

清浊度是指茶汤的透明程度。优质的茶汤应该是透明无杂质的，能清晰地透露出茶汤底部的物质。如果茶汤浑浊，漂浮的杂质较多，那么品质就相对较差。清浊度不好的茶汤可能是茶叶的采摘时间不当、加工工艺不完善或者储存方式不当导致的。

在审评茶品汤色时，一定要及时进行。因为茶汤中的多酚类物质一旦与空气接触，就很容易发生氧化反应，导致茶汤变色。这不仅会影响我们对茶汤品质的准确评估，也会影响茶叶整体的食用体验。

二、汤色评鉴方法

接下来我们就具体看看普洱熟茶、晒青茶汤色的辨析方法。

（一）普洱熟茶的汤色评鉴

橙红：汤色呈现红中带黄的色彩，这是由于在发酵过程中，部分茶黄素在发酵过程中转化为茶红素，而茶黄素与茶红素在普洱熟茶中并存，因此形成橙红的汤色。这种汤色通常出现在发酵适度的普洱熟茶中，口感醇厚，回甘甜润。

深红：这种汤色呈现出红而深的色泽，通常出现在发酵程度较高的普洱熟茶中，由于发酵程度较高，茶红素含量增加，但并未达到顶峰，因此呈现出深红的汤色。这种普洱熟茶口感浓郁，回甘较强。

栗红：这种汤色呈现出红中带深棕色的特点，适用于普洱熟茶的叶底色泽。这种色泽的茶叶通常具有较高的发酵程度，口感醇厚。在发酵过程中，部分茶黄素和茶红素发生氧化聚合反应，形成深棕色的物质，因此呈现出栗红的汤色。

红浓：这种汤色呈现出红而深浓的特点，茶汤颜色红亮通常出现在发酵程度适中、陈化时间较长的普洱熟茶中，口感浓郁，回甘甜润。在适宜的发酵条件下，普洱熟茶中的多酚类物质、氨基酸、糖类等成分发生化学变化，形成丰富的内含物，因此呈现出红浓的汤色。

褐红：这种汤色红中带褐，是普洱熟茶常见的色泽之一。在发酵过程中，部分茶黄素和茶红素发生氧化聚合反应形成深褐色的物质，因此呈现出褐红的汤色。这种普洱熟茶通常经过较长时间的陈化和氧化处理，口感更加醇厚。

红褐：这种色泽的茶叶褐中带红，也是普洱熟茶的一个常见色泽。在适宜的发酵条件下，普洱熟茶中的多酚类物质、氨基酸、糖类等成分发生化学变化，形成丰富的内含物，其中部分物质在氧化聚合反应中转化为深褐色物质，因此呈现出红褐的汤色。这种普洱熟茶通常具有较长的陈化时间和适宜的发酵程度，口感醇厚、回甘甜润。

（二）晒青茶的汤色评鉴

黄绿：以绿为主，绿中带黄。这种汤色表明晒青茶的采摘时间较早，茶叶内含有的叶绿素较高，同时伴有少量的黄色物质，显示出清新、明亮的色泽。这种汤色的晒青茶通常口感清爽，回甘较快。

绿黄：以黄为主，黄中带绿。这种汤色表明晒青茶的采摘时间适中，茶叶内含有的叶绿素和类胡萝卜素比例适中，既有黄色的醇厚感，又有绿色的清新感。这种汤色的晒青茶通常口感柔和，回甘持久。

嫩黄：金黄中泛出嫩白色。这种汤色表明晒青茶的采摘时间较晚，茶叶内含有的类胡萝卜素和氨基酸等成分较高，形成了金黄色的汤色，并带有嫩白色的光泽。这种汤色的晒青茶通常口感鲜爽，回甘甜美。

浅黄：内含物不丰富，黄而浅。这种汤色表明晒青茶的采摘时间较早或较晚，茶叶内含有的类胡萝卜素和氨基酸等成分较少，导致汤色偏浅。这种汤色的晒青茶通常口感平淡，回甘较弱。

深黄：黄色较深，无光泽。这种汤色表明晒青茶的采摘时间较晚，茶叶内含有的类胡萝卜素和氨基酸等成分较高，但发酵程度较低，导致汤色偏深且无光泽。这种汤色的晒青茶通常口感浓郁，回甘较强。

黄亮：色黄，有光泽。这种汤色表明晒青茶的采摘时间和发酵程度适中，茶叶内含有的类胡萝卜素和氨基酸等成分比例适中，形成了黄色且具有光泽的汤色。这种汤色的晒青茶通常口感醇厚，回甘持久。

橙黄：黄中微带红。这种汤色表明晒青茶的采摘时间适中，发酵程度较高，茶叶内含有的类胡萝卜素和茶红素等成分比例适中，形成了橙黄色的汤色。这种汤色的晒青茶通常口感浓郁且带有甜润感，回甘持久。

综上所述，晒青茶的汤色评鉴可以通过观察汤色的色调、亮度、内含物的丰富程度等方面来综合评估其品质特点。不同色调和亮度的晒青茶在口感和回甘方面存在一定的差异，评鉴时要结合实际情况进行综合判断。总之，好的普洱熟茶汤色是红浓明亮的，好的普洱生茶是橙黄透亮的。

第三节　香气评鉴

一、香气评鉴的内容

纯异：纯异是指茶香的纯粹程度和是否受到外来气味的干扰。在品茶时，纯正的茶香应该是指茶叶本身所具有的香气，不夹杂其他异味。如果茶香中夹杂了烟焦味、油味等外来气味，则说明这款茶叶的品质可能存在问题。因此，品茶时需要对茶香的纯异进行仔细辨别。

　　高低：高低是指茶香的浓淡程度、鲜活程度以及是否纯净。浓淡程度是指茶香的厚重程度，鲜活程度是指茶香的活跃性，是否纯净则是指茶香中是否含有杂质。通过观察茶香的这些特点，可以判断出茶叶的品质高低。

　　长短：长短是指茶香的持久程度。长是指从热闻到冷闻都能闻到香气，短则是指香气很快消散。茶叶的香气持久程度与其品质有一定关联，一般来说，品质越高的茶叶，其香气持久程度也会越高。

　　在品鉴茶叶时，除了观察茶香的纯异、高低和长短外，还需要注意品茶的环境和心态。品茶需要在安静、整洁、明亮的环境中进行，同时保持平静的心态，细心品味茶叶的香气和口感。只有这样，才能真正领悟到茶叶的魅力所在。

二、香气常用术语

　　毫香，是一种独特的香气，它源于茶叶的芽毫，这种香气清爽鲜锐，犹如春日里的清新微风。当你轻轻啜一口毫香显露的茶汤时，仿佛能听到茶叶在呼唤着春天的到来。

　　清香，是一种令人舒心的香气，它通常与嫩度高的茶叶联系在一起。这种香气如同山间清泉一般，清爽而富有活力。品茗时，人仿佛置身于一片翠绿的茶山之中，感受着大自然的清新与宁静。

　　幽香，是一种雅致的香气，它如同花香一般，幽然而又迷人。这种香气在一定成熟度的茶叶中尤为突出，如老茶、陈茶等。品茗时，人仿佛置身于花海之中，感受着茶叶与花朵的交融与共生。

　　花果香，是一种迷人的香气，它让人联想到新鲜的花朵和成熟的果实。这种香气通常出现在茶叶加工中使用了适量果味添加剂或者发酵工艺的茶叶中。品茗时，人仿佛置身于果园之中，感受着果实与茶叶的交融与共生。

　　焦糖香，是一种诱人的香气，它通常出现在经过高温烘焙的茶叶中。这种香气带有一定的甜感，如同焦糖一般，让人忍不住想品尝。品茗时，人仿佛置身于一个甜蜜的梦境之中，感受着茶叶与焦糖的交融与共生。

　　甜纯，是一种柔和的香气，它纯而不高，却带有一定的甜感。这种香气通常出现在品质较好、口感较甜的茶叶中。品茗时，人仿佛置身于一个甜蜜的世界之中，感受着茶叶带来的甜蜜与纯净。

　　馥郁，是一种持久的香气，它幽雅而芬芳，经久不散。这种香气通常出现在有一定发酵程度的茶叶中。品茗时，人仿佛置身于一个芬芳的世界之中，感受着茶叶带来的持久香气和丰富口感。

浓烈，是一种丰满持久的香气，它带有一定的刺激性。这种香气通常出现在高发酵程度或者拼配不当的茶叶中。品茗时，人仿佛置身于一个热烈的世界之中，感受着茶叶带来的浓烈口感和独特体验。

总的来说，茶叶的香气是千变万化的，它们有的清新，有的雅致，有的迷人，有的甜蜜，有的持久，有的浓烈。通过品茗的过程，我们能够感受到茶叶带来的丰富体验和无限魅力。因此，在品鉴茶叶时，我们不仅要关注其香气的高低、纯杂等表面特征，还要用心去感受其带给我们的愉悦感和文化内涵。

第四节　滋味评鉴

良好的味感是构成茶品品质的主要因素之一。茶滋味与香气关系密切。评茶时能嗅到的各种香气，如花香、熟板栗香等，往往在审评茶滋味时也能感受到。一般说一款茶其香气好，茶滋味也是好的。茶香气、茶滋味鉴别有困难时可以相互辅证。

一、滋味评鉴的内容

审评茶滋味的适宜温度在 50℃左右，主要区别其浓淡、强弱、鲜爽、醇和等。

浓淡：浓淡是指茶汤的浓度和口感厚薄程度的评价词语。浓是指茶汤浸出的内含物丰富，喝起来有黏厚的感觉；而淡则相反，内含物较少，口感淡薄无味。在品茶时，浓淡程度是影响口感的重要因素之一。

强弱：强弱是指茶汤入口后的刺激性感觉和收敛性的评价词语。强是指茶汤吮入口感到刺激性或收敛性强，吐出茶汤后短时间内味感增强；而弱则相反，入口刺激性弱，吐出茶汤后口味平淡。强弱的感受与茶叶的发酵程度、焙火程度等因素有关。

鲜爽：鲜爽是指茶汤鲜美、爽口的感觉。鲜是指茶汤入口后产生的新鲜感和爽口感；而爽则是指茶汤入口后产生的一种愉悦、爽口的感觉。鲜爽的感受与茶叶的品种、采摘时间等因素有关。

醇和：醇和是指茶味尚浓，回味也爽，但刺激性欠强的感觉。醇表示茶叶的内含物丰富，口感浓郁，但刺激性不如强茶汤；醇和则表示茶滋味平淡正常。在品茶时，醇和的感受也是评价茶叶品质的重要因素之一。

在品茶时，除了关注这些口感评价词语外，还需要注意品茶的环境和心态。品茶需要在安静、整洁、明亮的环境中进行，同时保持平静的心态，细心品味茶叶的香气和口感。只有这样，才能真正领悟到茶叶的魅力所在。

二、　滋味评鉴术语

浓厚：这是一种强烈的口感，茶叶入口后，其内含物丰富，刺激性强，并持续时间长，茶汤在口腔中留下深刻的印象。在品尝之后，还会有回甘的感觉，这是一种让人难以忘怀的口感体验。

醇厚：这是一种让人感到舒服的口感，茶叶入口后，会感觉到甘甜而厚实，余味悠长。这种口感通常在那些经过适当发酵和处理的茶叶中最为明显。

醇和：这是一种平衡的口感，既醇厚又平和。在品尝之后，会感觉到一种淡淡的甜味，这种甜味不算浓烈，如有若无，恰到好处。这种口感通常出现在那些经过轻微发酵或老化的茶叶中。

平和：这是一种基本的口感，茶叶的味道正常，刺激性弱。这种口感通常出现在那些未经发酵或轻微发酵的茶叶中。

平淡：这是一种缺乏深度的口感，茶叶入口后，稍有茶味，但并无回味。这种口感通常出现在那些质量较低或陈旧的茶叶中。

水味：这是一种缺乏浓度的口感，茶汤的浓度感不足，味道淡薄如水。这通常是茶叶的采摘、制作或保存过程中出现问题导致的。

陈纯：这是一种表示茶叶陈化得很好的口感。在品尝时，会感觉到汤味醇厚，且留有陈香。这种口感通常出现在那些经过长时间存放的老茶中。

回甘：这是一种在品尝之后才会出现的口感体验。在饮下茶汤后，会在舌根和喉部产生甜感，并有滋润的感觉。这种体验通常在品尝那些发酵程度较高或焙火程度较重的茶叶时最为明显。

鲜爽：这是一种新鲜、清爽的口感体验。在品尝时，会有一种清新的感觉，就像是在品尝新鲜水果一样。这种体验通常出现在那些采摘和制作都非常新鲜的茶叶中。

青涩：这是一种表示茶叶味道淡而青草味重的口感体验。通常是茶叶的采摘或制作过程中出现问题导致的。在品尝时，会感觉到茶味淡薄，带有一种青草的味道。

苦底：这是一种表示茶叶入口即有苦味的口感体验。在品尝时，会感觉到一种明显的苦涩味道，甚至在茶汤咽下之后还会持续一段时间。这种体验通常出现在那些制作或保存不当的茶叶中。

第五节　叶底评鉴

一、叶底评鉴的内容

在品评完茶叶的滋味后，将叶底倒入叶底盘中，这是为了进一步观察叶底的嫩度、匀度、色泽等情况。叶底的这些特征，是评定茶品优次的重要因素。

嫩度：叶底的嫩度是指茶叶的老嫩程度。嫩度高的茶叶，其口感更加鲜爽，内含物也更为丰富。反之，如果茶叶的嫩度不足，就会显得口感粗糙，品质相对较差。

匀度：底的匀度是指茶叶在制作过程中的均匀程度。如果茶叶的匀度不足，就会导致口感的不稳定，影响整体的品饮体验。

色泽：叶底的色泽也是评判茶叶品质的重要指标。色泽明亮、鲜艳的叶底，通常代表着茶叶的新鲜度和品质。而色泽暗淡无光的叶底，则可能意味着茶叶的采摘和制作过程存在问题。

完整度：叶底的整碎度和叶片展开的程度也是评判茶叶品质的重要因素。如果叶底完整，叶片展开程度高，那么这杯茶的品质通常会更好。这样的叶底说明茶叶在采摘和制作过程中都得到了很好的处理。

好的叶底应该具备亮、嫩、厚、稍卷等几个或全部因子。这样的叶底不仅看起来更加美观，而且能反映出茶叶的新鲜度和品质。因此，在品评茶叶时，观察叶底的嫩度、匀度、色泽以及整碎度和叶片展开的程度，是评定茶品优次的重要手段。

二、叶底评鉴术语

在品鉴茶叶的叶底时，我们会使用一些特定的术语来描述叶底的色泽和质地。以下是一些常用的叶底品鉴术语。

　　褐红：这个术语用来描述红中带褐的叶底色泽，这种色泽通常表明茶叶经过了适当的渥堆过程。在普洱茶的渥堆过程中，茶叶会经历一系列的氧化和发酵过程，导致叶底色泽逐渐变为褐红色。这种色泽变化是普洱茶正常渥堆的标志之一。

　　红褐：这个术语用来描述褐中带红的叶底色泽，通常表明茶叶经过了较为成熟的渥堆过程。红褐色的叶底色泽是普洱茶渥堆到一定程度后的典型特征，也是品质良好的普洱茶的标志之一。

　　绿黄：这个术语用来描述以黄色为主的叶底色泽，同时带有一些绿色。这种色泽通常表明茶叶比较新鲜，未经过太多的加工处理。在某些情况下，绿黄色的叶底色泽也出现在茶叶未完全发酵或轻度发酵的情况下。

　　黄绿：这个术语用来描述以绿色为主的叶底色泽，同时带有一些黄色。这种色泽通常表明茶叶比较嫩，同时也可能表明茶叶在加工过程中经历了一些轻微的发酵。黄绿色的叶底色泽通常被视为茶叶品质较好的标志之一。

　　花杂：这个术语用来描述叶底颜色不一、形状不一或多梗、朴等茶类夹杂物的情况。这种情况通常表明茶叶的采摘和加工过程不够讲究，导致叶底的质量较差。

　　嫩软：这个术语用来描述芽叶嫩而柔软的情况。这种情况通常表明茶叶比较新鲜、嫩度较高，但也可能是由于采摘时间过早或加工过程不当导致的。

　　嫩匀：这个术语用来描述茶品嫩而柔软，匀齐一致的情况。这种情况通常表明茶叶的采摘和加工都比较讲究，叶底的质地较好、匀称。

　　这些术语为我们提供了更准确、更具体地描述叶底色泽和质地的方法，可以帮助我们更好地理解和评估茶叶的品质。

参 考 文 献

[1] 宛晓春，夏涛，等．茶树次生代谢[M]．北京：科学出版社，2015．

[2] 陈浩．普洱茶多糖降血糖及抗氧化作用研究[M]．杭州：浙江大学，2013．

[3] 夏涛．制茶学 [M]．北京：中国农业出版社．2016．

[4] 杨学军．中国名茶品鉴入门[M]．北京：中国纺织出版社，2012．

[5] 吴远之．大学茶道教程[M]．北京：知识产权出版社，2011．

[6] 熊志惠．识茶、泡茶、鉴茶全图解[M]．上海：上海科学普及出版社，
2011．

[7] 宛晓春．中国茶谱[M]．（第2版）．北京：中国林业出版社，2010．

[8] 陈椽．茶叶通史[M]．北京：中国农业出版社，2008．

[9] 林瑞萱．中日韩英四国茶道[M]．北京：中华书局，2008．

[10] 凌关庭．抗氧化食品与健康[M]．北京：化学工业出版社，2004．

[11] 邓时海．普洱茶[M]．昆明：云南科技出版社，2004．

[12] 周红杰．云南普洱茶[M]．昆明：云南科技出版社，2004．

[13] 任洪涛，周斌，秦太峰，等．普洱茶挥发性成分抗氧化活性研究[J]．茶
叶科学，2014，34（3）：213-220．

[14] 李大祥，王华，白蕊，等．茶红素化学及生物学活性研究进展[J]．茶
叶科学，2013，33（4）：327-335．

[15] 雷天．加工类茶叶分类方法[J]．致富天地，2013（1）：61-61．

[16] 熊昌云．普洱茶降脂减肥功效及作用机理研究[D]．杭州：浙江大学，
2012：4．

[17] 金裕范,高雪岩,王文全,等.云南普洱茶抗氧化活性的比较研究[J].中
国现代中药，2011，13（8）：17-19．

[18] 高力，刘通讯．不同储藏时间的普洱茶内所含成分及其抗氧化性质研
究[J]．食品工业，2013，34（7）：127-130．

[19] 李银梅.普洱茶在不同贮藏条件下品质及成分变化初探[J].茶叶通报，
2010，32（1）：46-48．

[20] 张冬英，黄业伟，汪晓娟，等．普洱茶熟茶抗疲劳作用研究[J]．茶叶
科学，2010，30（3）：218-222．